Mobile

普通高等教育"十四五"规划教材

移动应用系列丛书

移动应用开发
——基于uni-app框架

彭灿华　韦晓敏　杨呈永◎主　编
陈玲萍　彭寒玉　黄　晟◎副主编

中国铁道出版社有限公司
CHINA RAILWAY PUBLISHING HOUSE CO., LTD.

内 容 简 介

本书以uni-app为开发框架，手把手教读者编写一套代码，发布到iOS、Android、Web（响应式）、微信小程序等多个平台；以市场需求为导向，采用任务驱动的方式进行讲解，提供完整讲解视频和源码；以完整案例为主线串联各知识点，以实战项目来提升技术；站在初学者角度，由浅入深，边讲边练。

本书包括基础部分、综合部分、提高部分，共分为4章。其中，基础部分从开发环境的配置、开发工具的安装、uni-app组件的使用着手，由浅入深，详细讲述了使用HBuilder X进行移动应用的开发。综合部分通过一个本地新闻App的设计与实现，加深对uni-app相关组件的运用。提高部分结合uniCloud进行云端数据的基本操作，实现云端数据库的查询、添加、修改、删除等操作。通过学习，读者将对uni-app项目的开发有更加深入和透彻的理解。

本书将理论知识运用到实际开发中，适合作为高等院校计算机相关专业和电子商务专业的教材，也可作为社会培训班的教材及软件从业人员的参考用书。

图书在版编目（CIP）数据

移动应用开发：基于uni-app框架 / 彭灿华，韦晓敏，杨呈永主编．—北京：中国铁道出版社有限公司，2021. 8（2022.8重印）
（移动应用系列丛书）
普通高等教育"十四五"规划教材
ISBN 978-7-113-28217-2

Ⅰ.①移… Ⅱ.①彭…②韦…③杨… Ⅲ.①移动终端－应用程序－程序设计－高等学校－教材 Ⅳ.① TN929.53

中国版本图书馆CIP数据核字（2021）第153727号

书　　名：移动应用开发——基于uni-app框架
作　　者：彭灿华　韦晓敏　杨呈永

策　　划：祝和谊　　　　编辑部电话：（010）63549508
责任编辑：陆慧萍　包　宁
封面设计：刘　颖
责任校对：苗　丹
责任印制：樊启鹏

出版发行：中国铁道出版社有限公司（100054，北京市西城区右安门西街8号）
网　　址：http://www.tdpress.com/51eds/
印　　刷：北京柏力行彩印有限公司
版　　次：2021年8月第1版　2022年8月第4次印刷
开　　本：787 mm×1 092 mm　1/16　印张：12　字数：307千
书　　号：ISBN 978-7-113-28217-2
定　　价：46.00元

前言

本书内容

本书是编者在多年从事移动应用项目开发过程中的经验总结。编者站在一个初学者的角度，将项目开发过程中涉及的知识点进行逐一讲解，并有详细的操作步骤说明。本书实例丰富，循序渐进地介绍了使用 HBuilder X 开发工具进行基于 uni-app 的跨平台移动应用开发。

本书包括基础部分、综合部分、提高部分，共分为4章。其中，基础部分从开发环境的配置、开发工具的安装、uni-app 组件的使用着手，由浅入深，详细讲述了使用 HBuilder X 进行移动应用的开发。综合部分通过一个本地新闻 App 的设计与实现，加深对 uni-app 相关组件的运用。提高部分结合 uniCloud 进行云端数据的基本操作，实现云端数据库的查询、添加、修改、删除等操作。通过学习，读者将对 uni-app 项目的开发有更加深入和透彻的理解。

本书由桂林电子科技大学信息科技学院彭灿华、韦晓敏，桂林理工大学杨呈永任主编，主要负责拟定编写大纲，组织协调并定稿，由桂林电子科技大学信息科技学院陈玲萍、彭寒玉，桂林理工大学黄晟任副主编。具体编写分工如下：第 1 章由杨呈永编写，第 2 章 2.1 节由曹志娟、唐蕙编写，第 2 章 2.2.1 由赵凤燕编写，第 2 章 2.2.2 ~ 2.2.5 由韦晓敏编写，第 2 章 2.2.6 由刘欣编写，第 3 章由彭灿华编写，第 4 章 4.1 节与 4.2.1、4.2.2 由彭寒玉编写，第 4 章 4.2.3 和 4.2.4 由黄晟编写，第 4 章 4.2.5 和 4.2.6 由陈玲萍编写。

本书特色

本书讲授 uni-app 平台下多终端移动应用程序的开发。uni-app 是一个使用 vue.js 开发所有前端应用的框架，开发者编写一套代码，可发布到 iOS、Android、Web（响应式），以及各种小程序（微信 / 支付宝 / 百度 / 头条 /QQ/ 钉钉 / 淘宝）、快应用等多个平台。

该框架主要有五大优势：

第一，uni-app 是一套可以适用多终端的开源框架，真正实现一套代码可以同时生成 iOS、Android、H5、微信小程序、支付宝小程序、百度小程序等。

第二，uni-app 对前端开发人员比较友好，学习成本比较低。首先，uni-app 是基于 vue.js

的；其次，封装的组件和微信小程序的组件非常相似，所以对于现在的主流前端人员来说，学习几乎零成本。

第三，uni-app 使用 HBuilder X 进行开发，HBuilder X 开发工具完美支持 vue 语法，开发效率大幅度提升。

第四，uni-app 拓展能力强，封装了 H5+，支持 nvue，也支持原生 Android、iOS 开发。可以将原有的移动应用和 H5 应用改成 uni-app 应用。

第五，uni-app 是 DCloud 出品的，属于我们国家拥有自主知识产权的产品。

本书适用对象

本书适合作为高等院校计算机相关专业和电子商务专业的教材，也可作为社会培训班的教材及软件从业人员的参考用书。

由于编者水平有限，书中疏漏之处恳请读者批评指正。读者如有好的意见和建议或者在学习过程中遇到不解的地方，可以通过邮件进行探讨。编者的电子邮箱是 449271349@qq.com。

本书源码及所有章节操作视频可发送邮件与编者联系获取。

编　者

2021 年 4 月

目 录

基础部分

综合部分

提高部分

第1章 uni-app 框架介绍及环境配置

学习目标

- 了解 uni-app 的发展历程
- 掌握 uni-app 开发环境的配置
- 了解 uni-app 项目目录结构及功能
- 掌握 uni-app 应用如何运行在不同的平台
- 掌握 uni-app 应用如何打包
- 掌握 uni-app 应用如何发布至公网

本章主要介绍 uni-app 的发展历程、介绍 uni-app 框架的优势，以及 uni-app 开发工具 HBuilder X 的安装及其开发环境的配置，通过创建第一个 uni-app 应用讲解 uni-app 项目目录结构及功能，并详细描述了 uni-app 项目如何在不同平台进行预览。本章以安卓为例，详细介绍了 *.apk 文件的生成与发布。

1.1 uni-app 发展历程

uni，读 you ni，是统一的意思。很多人以为小程序是微信先推出的，其实，DCloud 才是这个行业的开创者。DCloud 于 2012 年开始研发小程序技术，优化 webview 的功能和性能，并加入 W3C 和 HTML 5 中国产业联盟，推出了 HBuilder 开发工具，为后续产业化做准备。

2015 年，DCloud 正式商用了自己的小程序，产品名为“流应用”，它不是 B/S 模式的轻应用，而是能接近原生功能、性能的动态 App，并且即点即用。为将该技术发扬光大，DCloud 将技术标准捐献给工信部旗下的 HTML 5 中国产业联盟，并推进各家流量巨头接入该标准，开展小程序业务。360 手机助手率先接入，在其 3.4 版本实现应用的秒开运行。

uni-app 是一个使用 vue.js 开发所有前端应用的框架，开发者编写一套代码，可发布到 iOS、Android、H5 以及各种小程序（微信 / 支付宝 / 百度 / 头条 /QQ/ 钉钉 / 淘宝）、快应用等多个平台。

随后 DCloud 推动大众点评、携程、京东、有道词典、唯品会等众多开发者为流应用平台提供应用。

在 2015 年 9 月，DCloud 推进微信团队开展小程序业务，演示了流应用的秒开应用、扫码获取应用、分享链接获取应用等众多场景案例，以及分享了 webview 体验优化的经验。

微信团队经过分析，于 2016 年初决定上线小程序业务，但其没有接入联盟标准，而是制定了自己的标准。

DCloud 持续在业内普及小程序理念，推进各大流量巨头，包括手机厂商，陆续上线类似小程序 / 快应用等业务。

部分公司接入了联盟标准，但更多公司因利益纷争严重，标准难以统一。

技术是纯粹的，不应该因为商业利益而分裂。开发者面对如此多的私有标准不是一件好的事情。

造成混乱的局面非 DCloud 所愿，于是决定开发一个免费开源的框架。

既然各巨头无法在标准上达成一致，那么就通过这个框架为开发者抹平各平台的差异。

 1.2 uni-app 开发环境配置

1.2.1 HBuilder X 介绍

HBuilder X 中的 H 是 HTML 的首字母，Builder 是构造者，X 是 HBuilder 的下一代版本，简称 HX。HX 是轻如编辑器、强如 IDE 的合体版本。

HX 的特点：

- 轻巧。仅十几 MB 的绿色发行包 (不含插件)。
- 运行速度快。不管是启动速度、大文档打开速度，还是编码提示，均实现了极速响应。
- vue 开发强化。HX 对 vue 做了大量优化投入，开发体验远超其他开发工具。
- 小程序支持。国外开发工具没有对中国的小程序开发优化，HX 可新建 uni-app 或小程序、快应用等项目，为国人提供更高效的工具。
- markdown 利器。HX 是唯一新建文件默认类型是 markdown 的编辑器，也是对 md 支持最强的编辑器，HX 为 md 强化了众多功能，可在“菜单”→“帮助”→“markdown 语法示例”中查看，快速掌握 md 及 HX 的强化技巧。
- 界面清爽简洁。HX 的界面比其他工具更为简洁，绿柔主题经过科学的脑疲劳测试，是最适合人眼长期观看的主题界面。
- 强大的语法提示。HX 是中国唯一拥有自主 IDE 语法分析引擎的公司，对前端语言提供准确的代码提示和转到定义 (【Alt+ 鼠标左键】)。
- 高效极客工具。更强大的多光标、智能双击，让字处理的效率大幅提升。
- 更强的 JSON 支持。现代 JS 开发中大量 JSON 结构的写法，HX 提供了比其他工具更高效的操作。

HX 的扩展性：

- HX 支持 Java 插件、node.js 插件，并兼容了大部分 vscode 的插件及代码块。
- 支持通过外部命令方便地调用各种命令行功能，并设置快捷键。
- 支持快捷键导入。其他工具 (如 vscode 或 sublime) 的快捷键，在“菜单”→“快捷键”方案中可以切换。

1.2.2　安装 HBuilder X

第一步：进入官网（https://www.dcloud.io）下载安装 HBuilder X，如图 1-1 所示。使用 HBuilder X 可视化开发工具进行开发。

图 1-1　下载 HBuilderX

单击图 1-1 中的“DOWNLOAD”按钮，选择“App 开发版”，如图 1-2 所示。

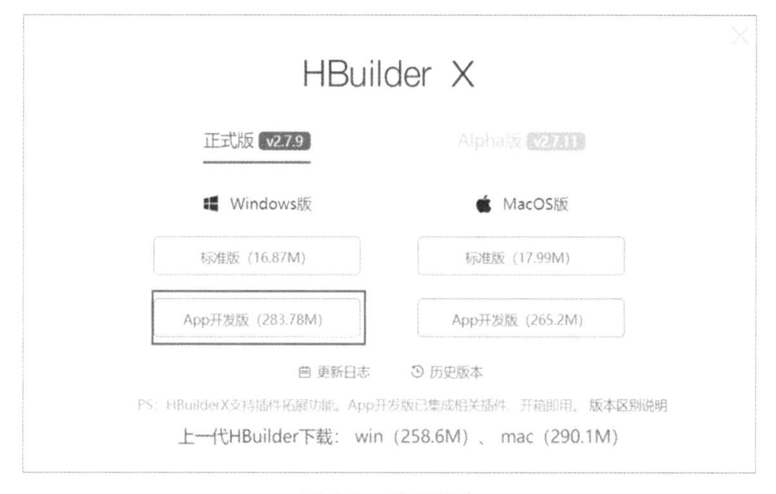

图 1-2　选择版本

第二步：HBuilder X 为免安装版，直接解压便可使用，解压“App 开发版”后目录文件如图 1-3 所示。

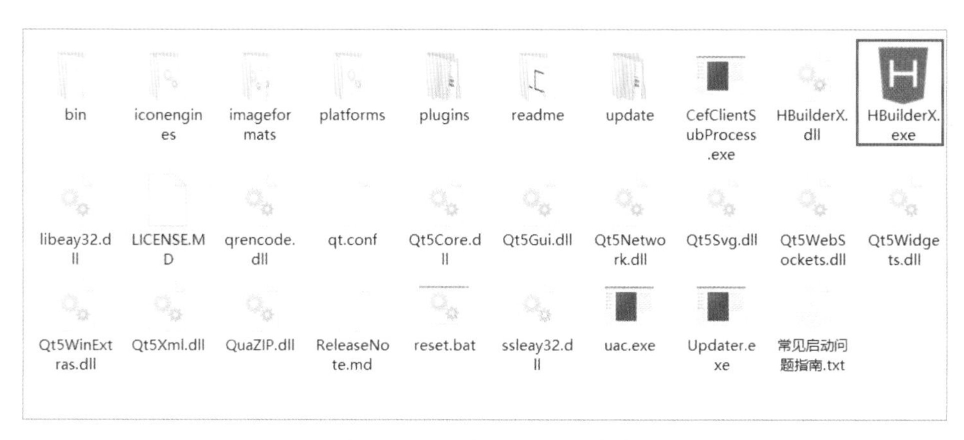

图 1-3　HBuilder X 解压目录

第三步：安装插件。如图 1-4 所示，选择“工具”→“插件安装”进入插件安装界面，选择“uni-app 编译”（见图 1-5）、“scss/sass 编译”（见图 1-6）并安装。

图 1-4　安装插件

图 1-5　安装 uni-app 编辑器插件

图 1-6　安装 SCSS/SASS 编译插件

至此，使用 HX 开发 uni-app 项目所需要的开发环境均已经具备。

1.2.3　创建第一个 uni-app 应用

第一步：启动 HBuilder X，创建 uni-app。单击菜单栏里的“文件”→“新建”→“项目”命令，如图 1-7 所示。

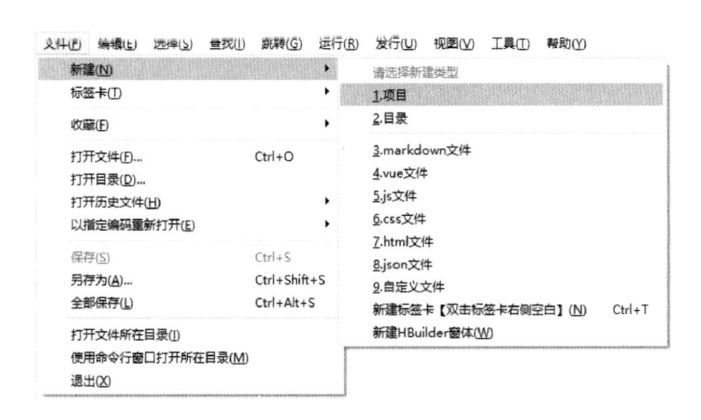

图 1-7　新建项目

第二步：在弹出的图 1-8 所示的面板中，选择“uni-app”类型，输入工程名“C01”，选择模板，选择项目保存路径，单击“创建”按钮。

图 1-8　选择项目类型

项目创建成功后，在屏幕的右下角提示项目创建成功，如图 1-9 所示。

图 1-9　项目创建成功提示

创建成功的项目结构如图 1-10 所示。

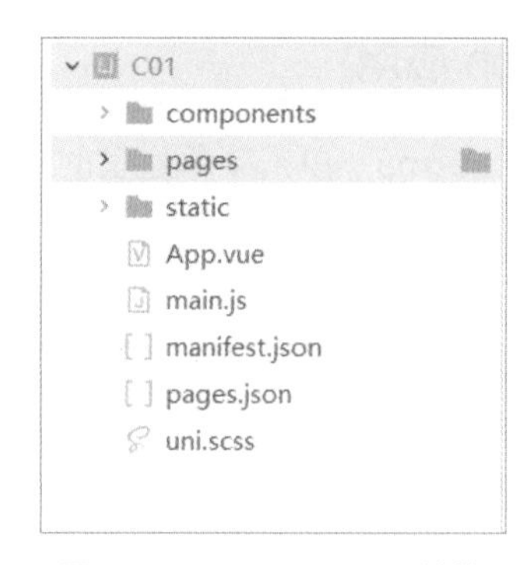

图 1-10　uni-app 项目结构

uni-app 项目结构如下所示。

```
┌─components                uni-app组件目录
│  └─comp-a.vue             可复用的a组件
├─pages                     业务页面文件存放的目录
│  ├─index
│  │  └─index.vue           index页面
│  └─list
│     └─list.vue            list页面
├─static                    存放应用引用静态资源（如图片、视频等）的目录
├─main.js                   Vue初始化入口文件
├─App.vue                   应用配置，用来配置App全局样式以及监听应用生命周期
├─manifest.json             配置应用名称、appid、logo、版本等打包信息
└─pages.json                配置页面路由、导航条、选项卡等页面类信息
```

uni-app 项目创建成功后，下面将演示在不同的终端运行。

（1）运行在浏览器中

进入 uni-app 项目，单击菜单栏中的“运行”→“运行到浏览器”→“配置 web 服务器”命令，即可将 uni-app 项目运行在浏览器中，体验 H5 版，如图 1-11 所示。

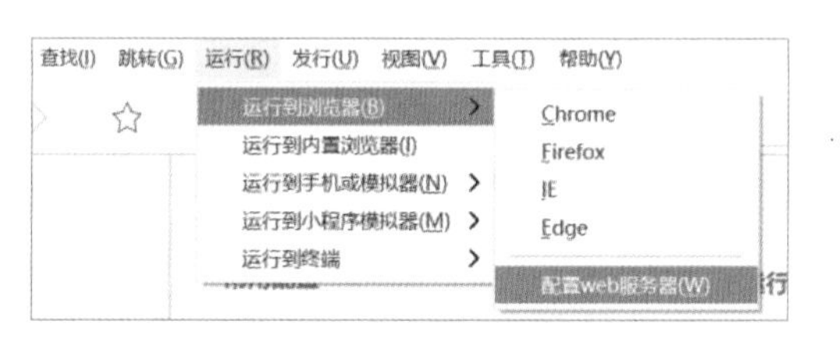

图 1-11　配置到浏览器

在进行图 1-11 配置前，计算机已经安装好了 Chrome 浏览器，安装目录为 C:/Program Files/Google/Chrome，单击“配置 web 服务器”后进入图 1-12 所示界面，选择浏览器安装路径。

浏览器运行配置

Chrome浏览器安装路径

C:/Program Files/Google/Chrome/Application/chrome.exe　浏览...

Firefox浏览器安装路径

浏览...

内置web服务器端口(重启后生效)

图 1-12　选择浏览器安装路径

单击“运行”→“运行到浏览器”→“Chrome”命令，如图 1-13 所示。

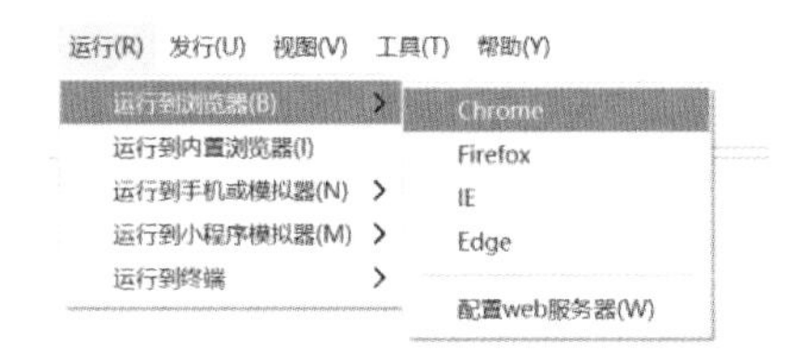

图 1-13　选择要运行的目录浏览器

观察 HX 下方的启动日志，如图 1-14 所示。预览效果如图 1-15 所示。

```
C01 - H5

19:42:04.130 项目 'C01' 开始编译...
19:42:05.402 请注意运行模式下，因日志输出、sourcemap以及未压缩源码等原因，性能和包体积，均不及发行模式。
19:42:05.478 正在编译中...
19:42:06.624  INFO  Starting development server...
19:42:14.799   App running at:
19:42:14.799   - Local:   http://localhost:8081/
19:42:14.814   - Network: http://172.16.2.111:8081/
19:42:14.814 项目 'C01' 编译成功。前端运行日志，请另行在浏览器的控制台查看。
19:42:14.822 H5版常见问题参考: https://ask.dcloud.net.cn/article/35232
```

图 1-14　启动日志

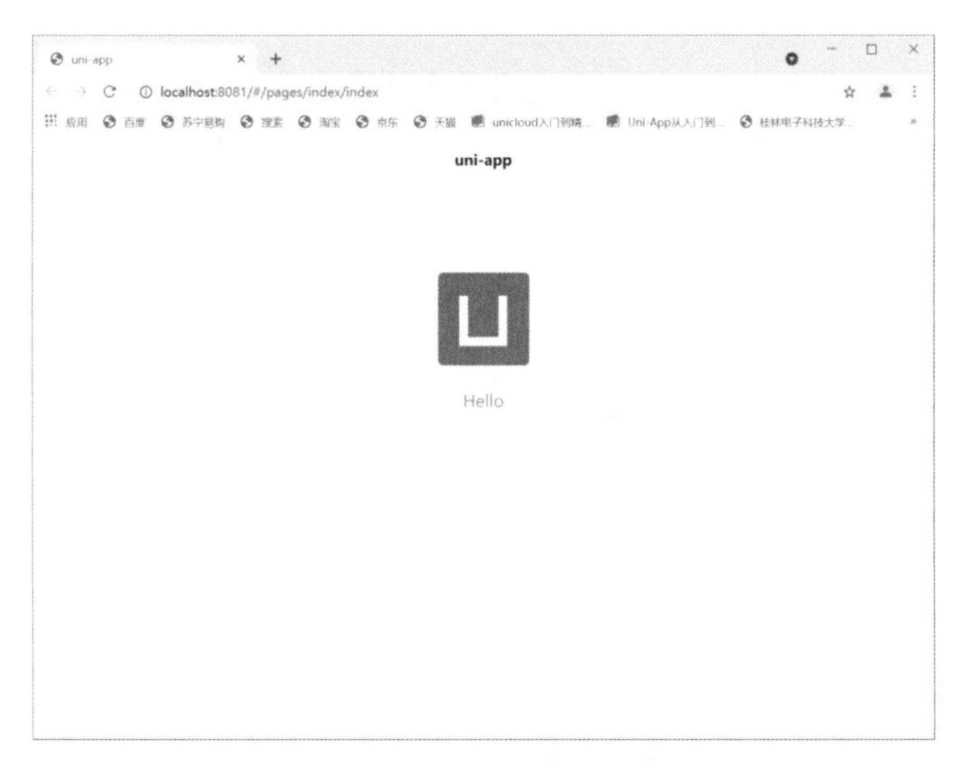

图 1-15　Chrome 浏览器中的预览效果

为了更好地适应手机分辨率，可以在 Chrome 浏览器运行界面按【F12】键，进入开发者模式，选择手机预览模式，如图 1-16 所示，其效果如图 1-17 所示。

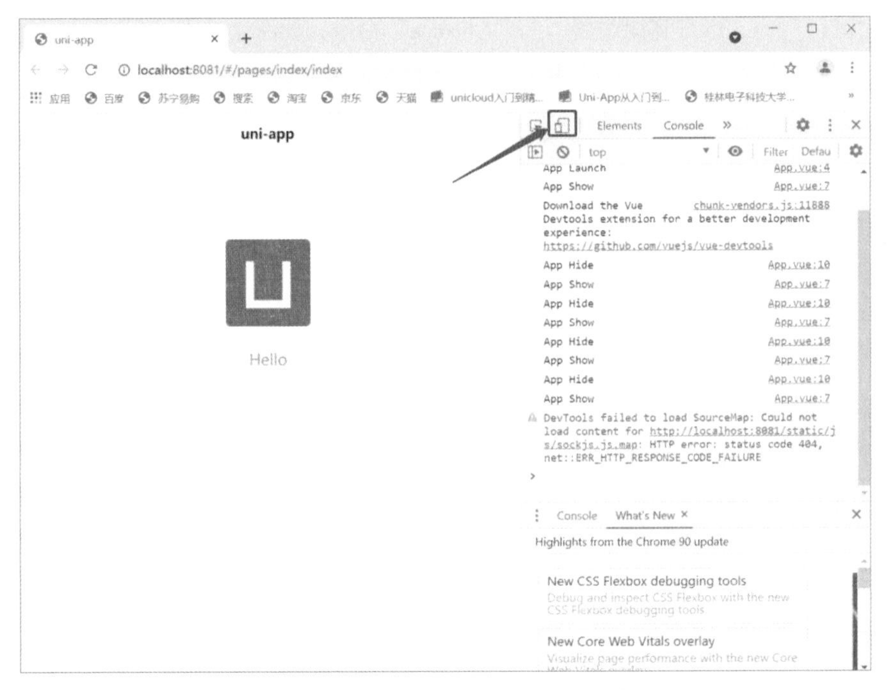

图 1-16　设置 Chrome 浏览器的手机兼容模式

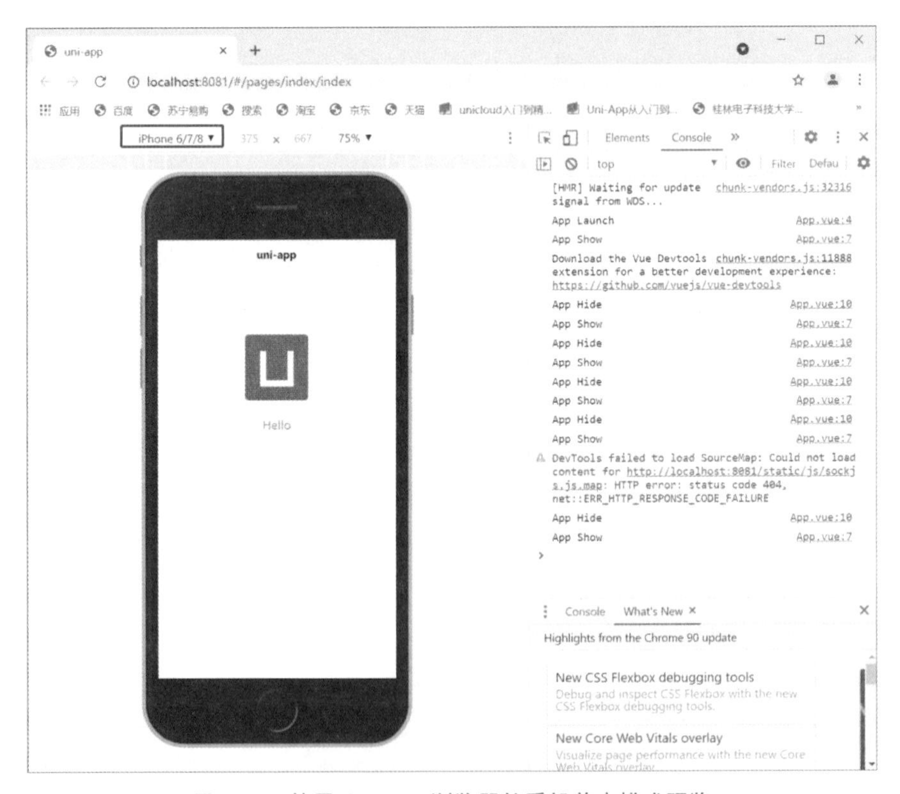

图 1-17　使用 Chrome 浏览器的手机兼容模式预览

以上为 uni-app 项目如何在 Chrome 浏览器中运行的操作步骤。

（2）运行在 HX 的内置浏览器中

第一步：安装 HX 内置浏览器单击“工具”→“插件安装”命令，如图 1-18 所示。

工具(T)　帮助(Y)
Settings.json
设置(S)　Ctrl+Alt+,
自定义快捷键(K)
预设快捷键方案切换(W)
代码块设置(N)
主题(T)
项目管理器图标主题(I)
外部命令(E)
验证本文档语法(V)
外部命令插件配置(G)
插件安装(P)

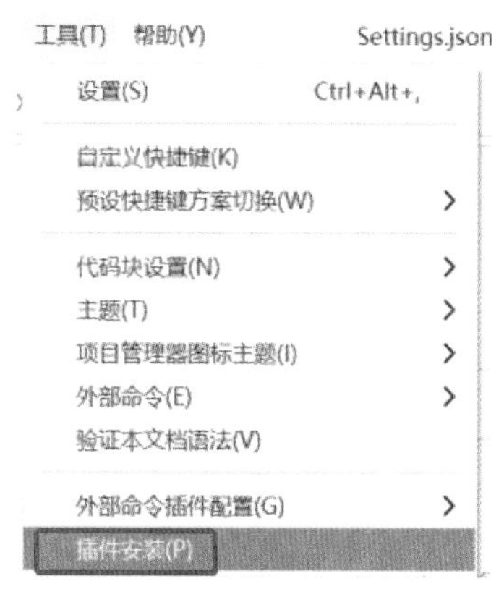

图 1-18　选择“插件安装”命令

选择“内置浏览器”安装，如图 1-19 所示。

内置浏览器
1.1.5.2021032316
内置浏览器，支持边改边预览
卸载

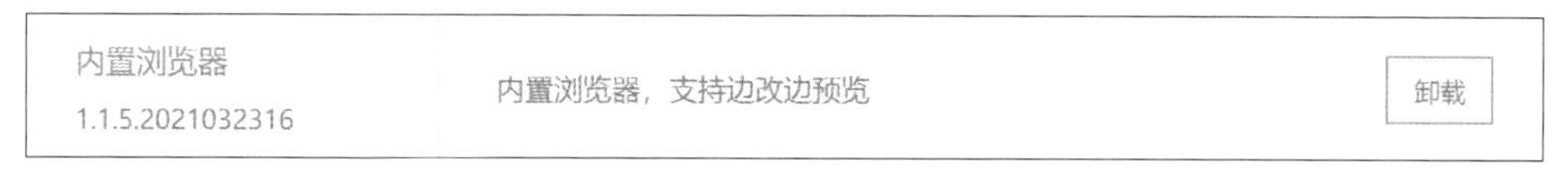

图 1-19　使用内置浏览器的手机兼容

第二步：进入 uni-app 项目，单击“运行”→“运行到内置浏览器”命令，即可运行，如图 1-20 所示。

运行(R)　发行(U)　视图(V)
运行到浏览器(B)
运行到内置浏览器(I)
运行到手机或模拟器(N)
运行到小程序模拟器(M)
运行到终端

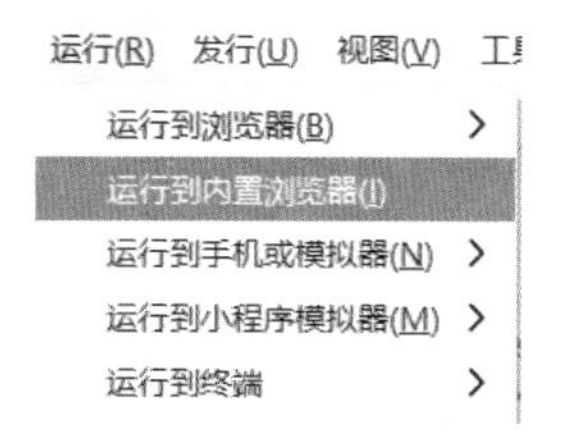

图 1-20　选择“运行到内置浏览器”命令

观察 HBuilder X 日志输出窗口，如图 1-21 所示。

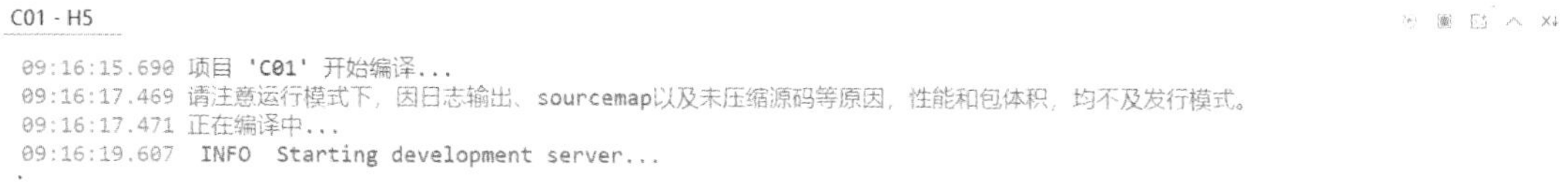

C01 - H5
09:16:15.690 项目 'C01' 开始编译...
09:16:17.469 请注意运行模式下，因日志输出、sourcemap以及未压缩源码等原因，性能和包体积，均不及发行模式。
09:16:17.471 正在编译中...
09:16:19.607 INFO Starting development server...

图 1-21　日志输出窗口

预览窗口如图 1-22 所示。

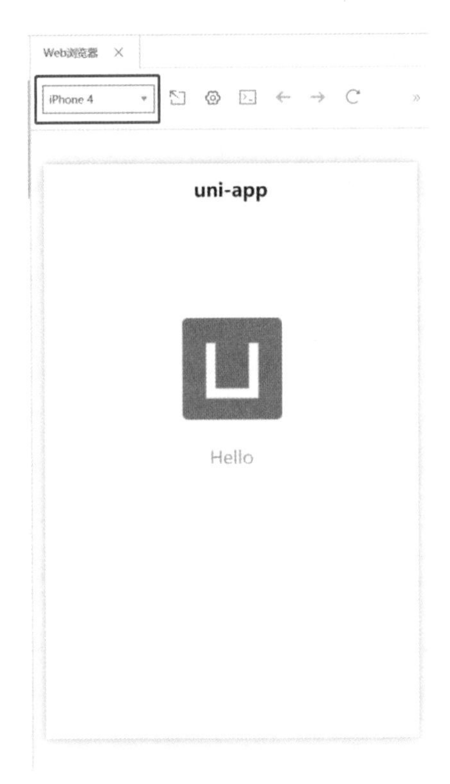

图 1-22　内置浏览器运行效果

（3）运行在微信小程序中

第一步：安装微信开发者工具，下载地址：https://developers.weixin.qq.com/miniprogram/dev/devtools/download.html。

根据操作系统选择合适的版本，本书选择的开发操作系统版本为 Windows 10 64 位，如图 1-23 所示。

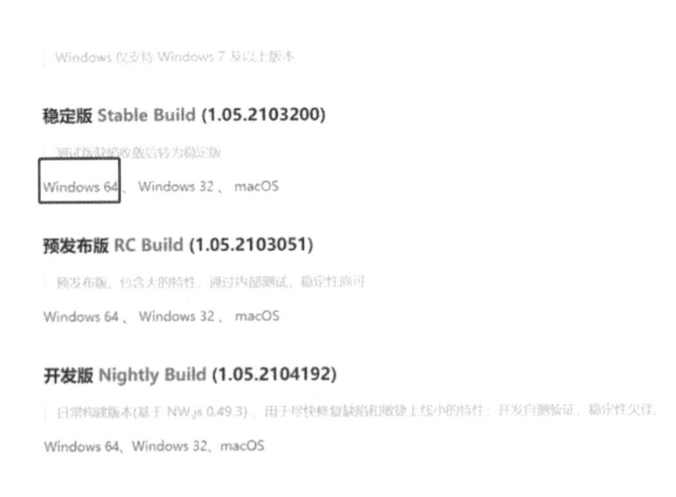

图 1-23　选择合适的版本

安装好微信开发者工具，桌面图标如图 1-24 所示。

第二步：单击“运行”→“运行到小程序模拟器”→“微信开发者工具”命令，如图 1-25 所示，即可在微信开发者工具中体验 uni-app。

图 1-24 桌面图标

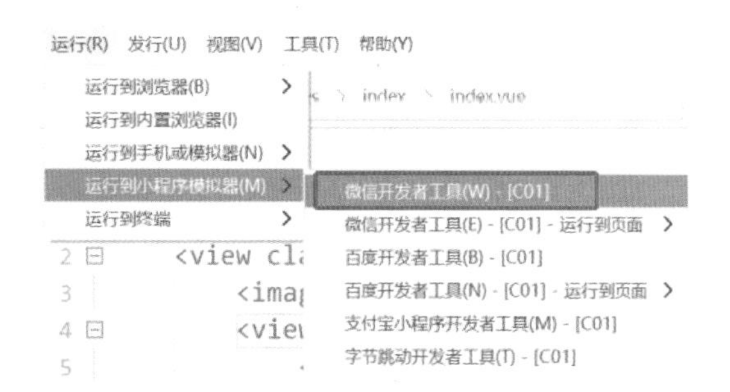

图 1-25 选择“微信开发者工具”

注意：

如果是第一次使用，需要先配置小程序 IDE 的相关路径，才能运行成功。如图 1-26 所示，需在输入框输入微信开发者工具的安装路径。若 HBuilder X 不能正常启动微信开发者工具，需要开发者手动启动，然后将 uni-app 生成小程序工程的路径复制到微信开发者工具中，在 HBuilder X 中开发，在微信开发者工具中就可看到实时的效果。

图 1-26 选择微信小程序 IDE 安装路径

如果没有开启服务端口会提示输出日志，如图 1-27 所示。

图 1-27 提示输出日志

第三步：开启服务端口，启动微信开发者工具，如图 1-28 所示。单击右上角的“设置”图标，进入图 1-29 所示界面，将服务端口打开。

图 1-28　启动微信开发者工具

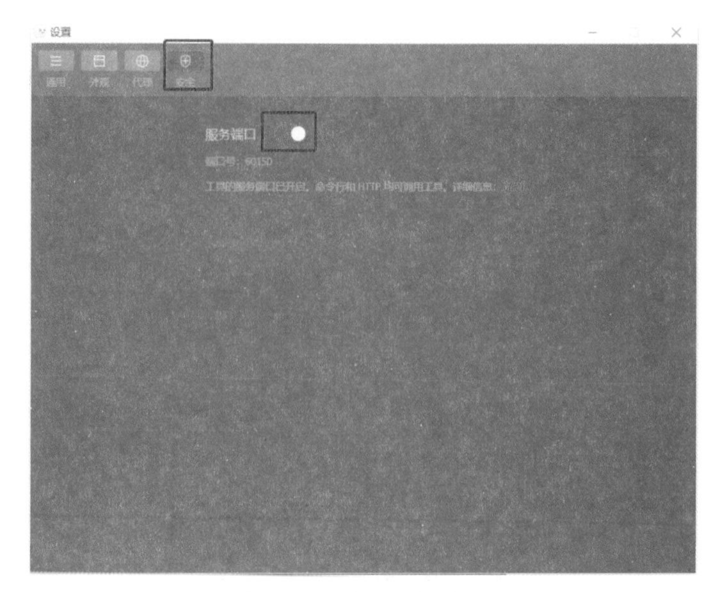

图 1-29　启用服务端口

重复执行第二步，预览效果如图 1-30 所示。

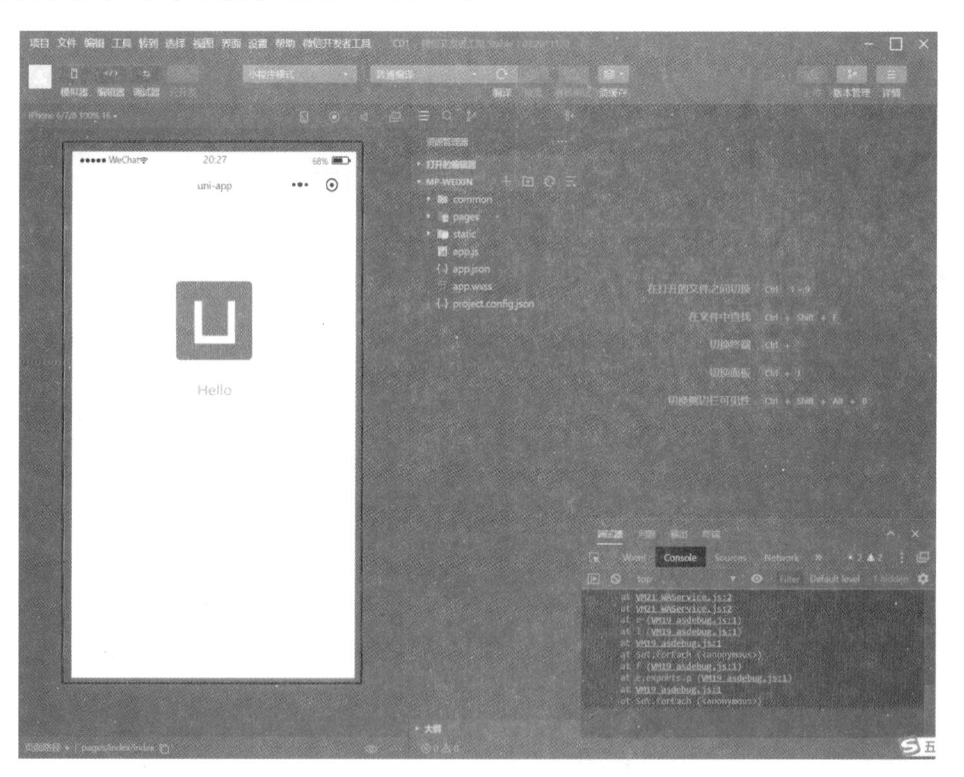

图 1-30　运行到小程序预览效果图

（4）运行于安卓真机

第一步：将数据线连接至计算机，提示如图 1-31 所示，选择“传输文件”。

图 1-31　选择“传输文件”

第二步：将手机设置为“USB 调试模式”，以华为 Mate 40 为例，点击“设置”→“关于手机”→连续多次点击“版本号”，分别按图 1-32 ～图 1-37 所示步骤进行设置。

图 1-32　选择“关于手机”

图 1-33　连续点击“版本号”

图 1-34　选择“系统和更新”

图 1-35　选择“开发人员选项”

图 1-36　打开 USB 调试

图 1-37　允许 USB 调试

第三步：在 HX 中单击“运行”→“运行到手机或模拟器”→“运行 - 设备：Android-****”命令，如图 1-38 所示。启动后将本 uni-app 先进行 apk 安装，如图 1-39 所示，App 安装成功后，项目预览效果如图 1-40 所示。

图 1-38　在 HX 中选择连接设备

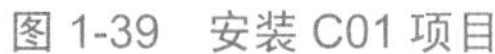
图 1-39　安装 C01 项目

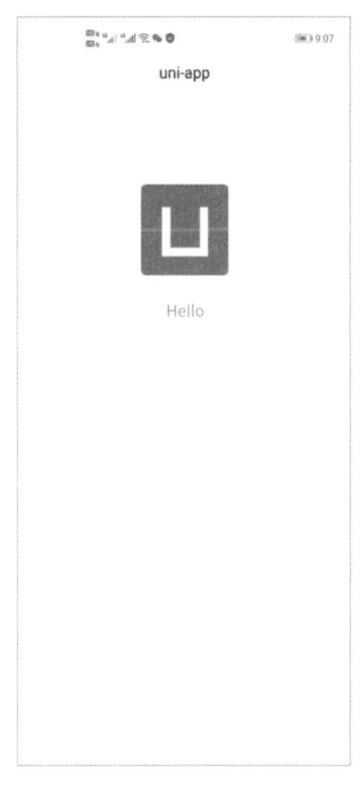

图 1-40　预览效果图

（5）运行于苹果手机

第一步：在 Windows 平台连接苹果手机，需要先安装 iTunes，下载地址：https://support.apple.com/zh-cn/HT210384，其界面如图 1-14 所示。

图 1-41　选择 iTunes 版本

第二步：安装好 iTunes 后，使用数据线连接，选择“信任”，如图 1-42 所示。在 HX 中单击“运行”→“手机运行”→选择 iPhone 设备命令，如图 1-43 所示。

图 1-42　选择“信任”

图 1-43　选择 iPhone 设备

最终在 iPhone 设备上预览效果如图 1-44 所示。

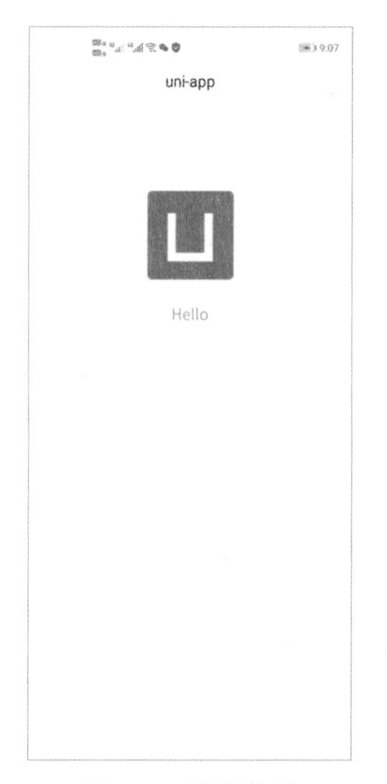

图 1-44　预览效果

 1.3　uni-app 打包

在上一节中讲解了如何连接手机数据线进行 App 的安装，本节将使用 HX 的云打包功能，并将生成安装包发布至公网，供用户下载安装。

1.3.1　打包原生 App

第一步：在 HBuilder X 中，单击“发行”→“原生 App- 云打包”命令，如图 1-45 所示。

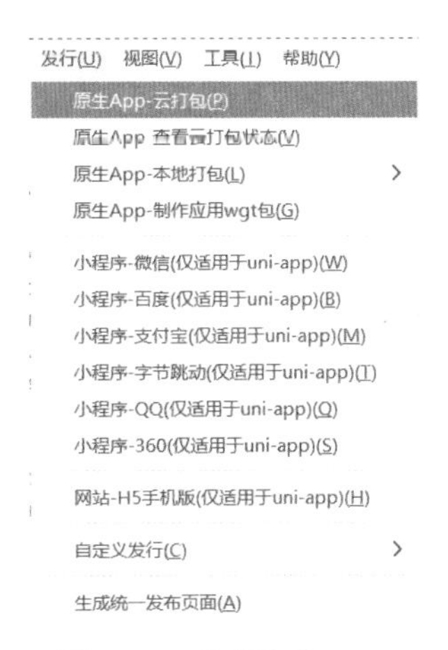

图 1-45　选择打包 App

第二步：登录 HBuilder 账号（见图 1-46，需要实名认证才可以使用云打包功能），并配置打包选项（以打包安卓为例，见图 1-47）。配置完成后，单击“打包”按钮，弹出图 1-48 和图 1-49 所示对话框，打包日志如图 1-50 所示。

图 1-46　登录 HBuilder

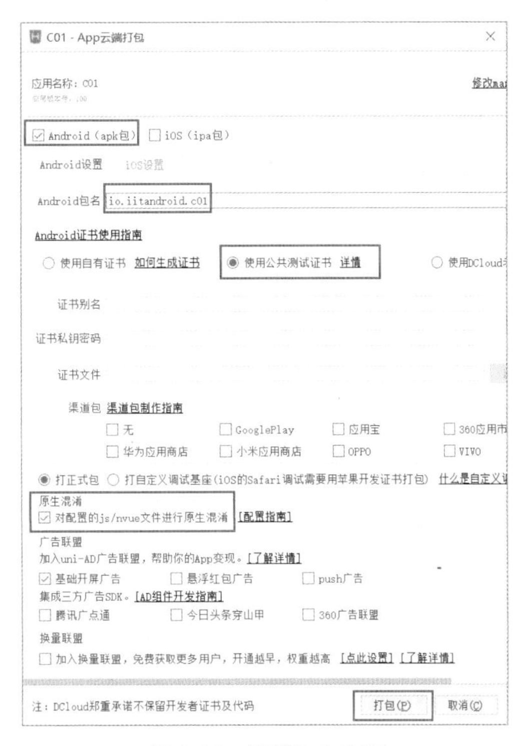

图 1-47　设置打包选项

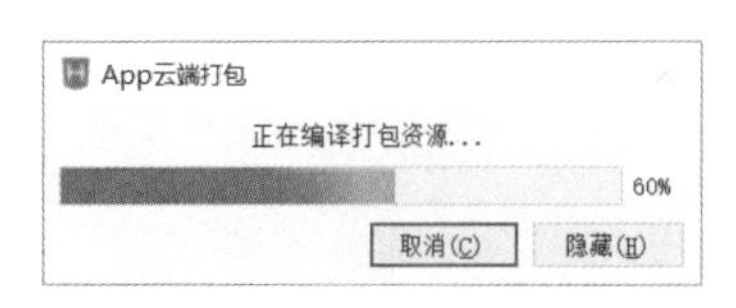

App云端打包
正在编译打包资源...
60%
取消(C)
隐藏(H)

图 1-48　云端打包进行中

云端打包成功
C01 已成功提交云端服务器
OK

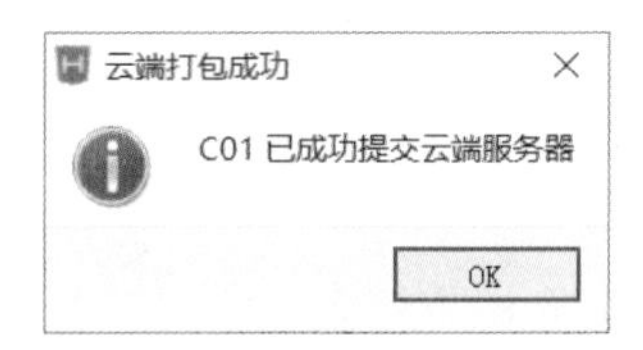

图 1-49　云端打包成功

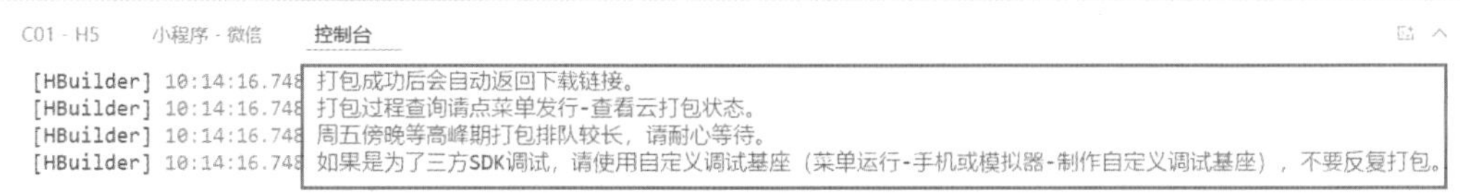

C01 - H5
小程序 - 微信
控制台
[HBuilder] 10:14:16.748 打包成功后会自动返回下载链接。
[HBuilder] 10:14:16.748 打包过程查询请点菜单发行-查看云打包状态。
[HBuilder] 10:14:16.748 周五傍晚等高峰期打包排队较长，请耐心等待。
[HBuilder] 10:14:16.748 如果是为了三方SDK调试，请使用自定义调试基座（菜单运行-手机或模拟器-制作自定义调试基座），不要反复打包。

图 1-50　打包成功后控制台日志

第三步：查看打包状态，单击“发行”→“原生 App- 查看云打包状态”命令，如图 1-51 所示。等控制台显示打包成功提示后（见图 1-52）单击下载地址便可下载，如图 1-53 所示。

发行(U)
视图(V)
工具(T)
帮助(Y)
原生App-云打包(P)
原生App-查看云打包状态(V)
原生App-本地打包(L)
原生App-制作应用wgt包(G)
小程序-微信(仅适用于uni-app)(W)
小程序-百度(仅适用于uni-app)(B)
小程序-支付宝(仅适用于uni-app)(M)
小程序-字节跳动(仅适用于uni-app)(T)
小程序-QQ(仅适用于uni-app)(Q)
小程序-360(仅适用于uni-app)(S)
网站-H5手机版(仅适用于uni-app)(H)
自定义发行(C)
生成统一发布页面(A)

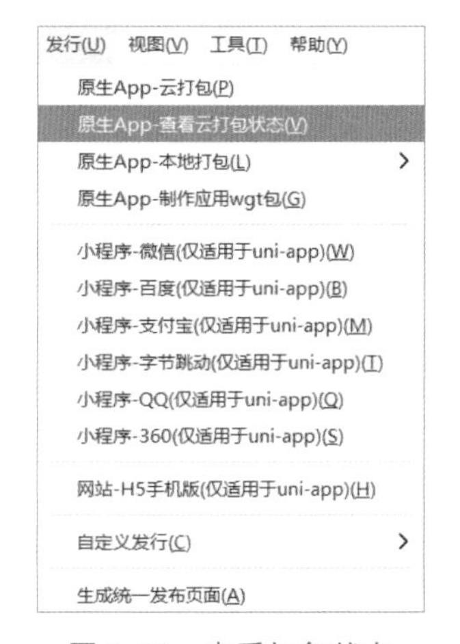

图 1-51　查看打包状态

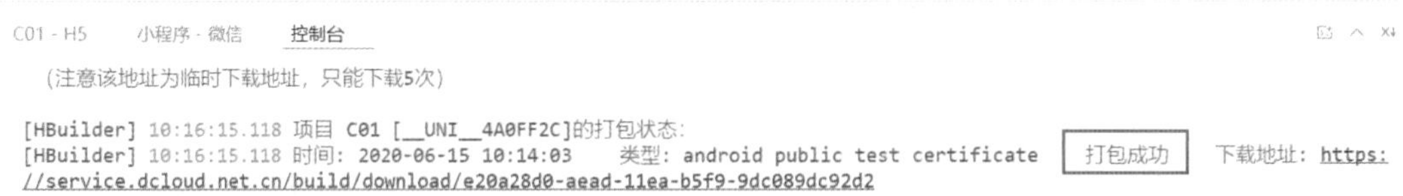

C01 - H5
小程序 - 微信
控制台
（注意该地址为临时下载地址，只能下载5次）
[HBuilder] 10:16:15.118 项目 C01 [__UNI__4A0FF2C]的打包状态：
[HBuilder] 10:16:15.118 时间：2020-06-15 10:14:03 类型：android public test certificate
打包成功
下载地址：https://service.dcloud.net.cn/build/download/e20a28d0-aead-11ea-b5f9-9dc089dc92d2

图 1-52　控制台显示打包状态

__UNI__4A0FF2C_0615101451.apk
https://bdpkg.aliyun.dcloud.net.cn/20200615/e20a28d0-aead-11ea-b5f9-9dc089dc9...
0 B/s - 8.2 MB，共 8.2 MB
暂停
取消

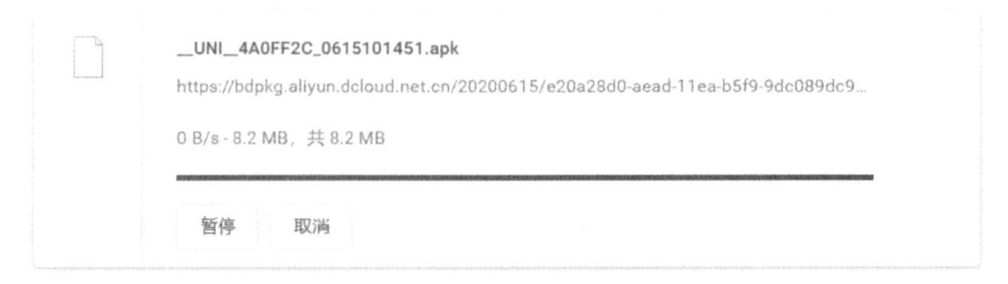

图 1-53　下载打包好的 App

至此，基于 uni-app 的项目使用 HX 实现了 App 的打包。下面将下载好的 apk 文件发布至互联网，供用户下载。

1.3.2　发布原生 App

App 发布包括内测发布和线上发布。内测发布常用平台有蒲公英、http://fir.im 等；线上发布常用平台有 App Store、豌豆荚、360 手机助手、手机应用商店等在线发布渠道。

下面以 http://fir.im 为例，讲解如何进行 App 发布。

第一步：打开 fir.im 进入官网，如图 1-54 所示。先注册一个 fir.im 账号并登录，登录后主界面如图 1-55 所示。

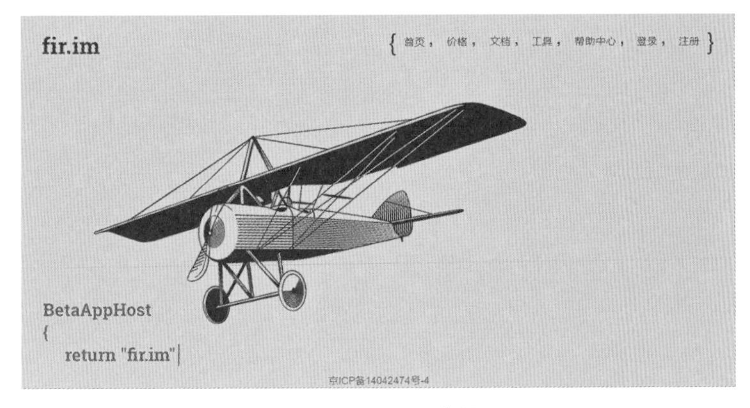

图 1-54　fir.im 官网

图 1-55　上传应用到第三方平台

第二步：上传打好包的 apk 或者签好名的 ipa 文件，如图 1-56 所示。

第三步：上传成功后，生成访问地址便可通过扫码等方式实现下载，如图 1-57 所示。

图 1-56　上传文件

图 1-57　预览应用下载页面

习　　题

编程题

1. 新建图 1-58 所示的 uni-app 项目，命名为 EX_1，将项目运行在内置浏览器、微信小程序、外部浏览器、安卓真机、苹果真机终端。

图 1-58　预览效果

2. 将 EX_1 项目使用 HX 的云打包功能，生成 *.apk 或 *.ipa 文件，发布至 fir.im，并提供下载链接。

第 2 章 uni-app 组件

学习目标

- 了解 uni-app 组件的作用
- 了解 uni-app 组件规范
- 掌握 uni-app 常用组件的使用

本章主要介绍 uni-app 的几大组件的使用，如视图容器组件、基础内容组件、表单组件、路由与页面跳转组件、媒体组件、地图组件等。并将所有组件整合在一个名为 SmartUI 的项目中，同时针对每一类组件列举了对应的操作实例。

 2.1 uni-app 组件概述

组件是视图层的基本组成单元，是一个单独且可复用的功能模块的封装。

每个组件包括如下几部分：以组件名称为标记的开始标签和结束标签、组件内容、组件属性、组件属性值。

组件名称由尖括号包裹，称为标签，它有开始标签和结束标签。结束标签的“<”后面用“/ ”来表示结束。结束标签又称闭合标签。如下面示例的 <component-name> 是开始标签，</component-name> 是结束标签。

在开始标签和结束标签之间，称为组件内容，如下面示例的“content”。

开始标签上可以写属性，属性可以有多个，多个属性之间用空格分隔。如下面示例的 property1 和 property2。注意闭合标签上不能写属性。

每个属性通过“=”赋值。如下面的示例中，属性 property1 的值被设为字符串 value。

```
<component-name property1="value" property2="value">
    content
</component-name>
```

下面是一个基本组件的实例，在一个 vue 页面的根 <view> 组件下插入一个 <button> 组件。给这个组件的内容区写上文字“按钮”，同时给这个组件设置了一个属性“size”，并且“size”属性的值设为“mini”。

```
<template>
    <view>
        <button size="mini">按钮</button>
    </view>
</template>
```

注意：

按照 vue 单文件组件规范，每个 vue 文件的根节点必须为 <template>，且这个 <template> 下只能且必须有一个根 <view> 组件。

组件的属性有多种类型，如表 2-1 所示。

表 2-1　组件的属性

类　型	描　述	注　解
Boolean	布尔值	组件写上该属性，不管该属性等于什么，其值都为 true，只有组件上没有写该属性时，属性值才为 false。如果属性值为变量，变量的值会被转换为 Boolean 类型
Number	数字	1, 2.5
String	字符串	"string"
Array	数组	[1, "string"]
Object	对象	{ key: value }
EventHandler	事件处理函数名	handlerName 是 methods 中定义的事件处理函数名
Any	任意属性	

每个组件都有各自定义的属性，但所有 uni-app 的组件都有一些公共属性，如表 2-2 所示。

表 2-2　组件的公共属性

属 性 名	类　型	描　述	注　解
id	String	组件的唯一标示	保持整个页面唯一
class	String	组件的样式类	在对应的 css 中定义的样式类
style	String	组件的内联样式	可以动态设置的内联样式
hidden	Boolean	组件是否隐藏	所有组件默认是显示的
data-*	Any	自定义属性	组件上触发事件时，会发送给事件处理函数
@*	EventHandler	组件的事件	

本章的所有实例将集成在 SmartUI 项目中。

创建 SmartUI 项目的步骤如下

第一步：新建 uni-app 工程，项目命名为 smartUI，如图 2-1 所示。

创建成功后，在 HBuilder X 左边项目导航中将出现图 2-2 所示项目结构。

图 2-1　新建 uni-app 项目

图 2-2　uni-app 项目结构

第二步：在内置浏览器中预览此应用，如图 2-3 所示。

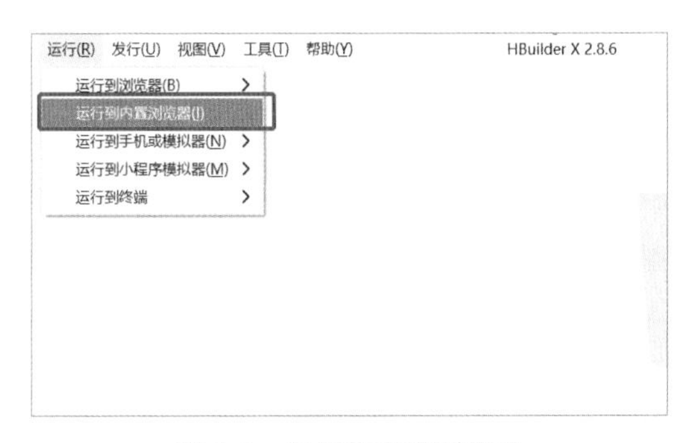

图 2-3　运行在内置浏览器

第三步：预览结果如图 2-4 所示。

图 2-4　内置浏览器预览

第四步：修改应用标题名称，打开 pages.json 文件，如图 2-5 所示。

```
{
    "pages": [ //pages数组中第一项表示应用启动页，参考：https://uniapp.dcloud.io/col
        {
            "path": "pages/index/index",
            "style": {
                "navigationBarTitleText": "uni-app"
            }
        }
    ],
    "globalStyle": {
        "navigationBarTextStyle": "black",
        "navigationBarTitleText": "uni-app",
        "navigationBarBackgroundColor": "#F8F8F8",
        "backgroundColor": "#F8F8F8"
    }
}
```

图 2-5　打开 pages.json 文件

将名称改为“smartUI”，修改后保存，内置浏览器将自动同步刷新，最终显示效果如图 2-6 所示。

图 2-6　uni-app 项目预览效果

第五步：在应用主界面下方增加两个导航按钮，一个用于查看所有 UI 组件演示效果，一个用于接口方面的演示。为此先在“pages”目录下新建目录“tabBar”及两个二级子目录“api”和“component”，如图 2-7 和图 2-8 所示。

图 2-7　新建目录

在“component”目录下新建页面，如图 2-9 所示。同理，新建一个 api.vue 页面，如图 2-10 所示。最终项目结构如图 2-11 所示。

图 2-8　查看 tabBar 目录下内容

图 2-9　新建 vue 文件

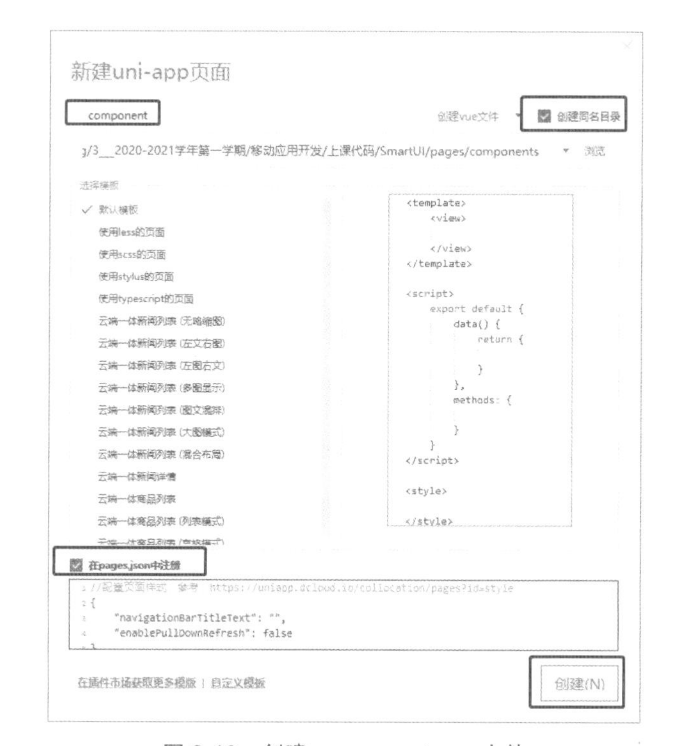

图 2-10　创建 component.vue 文件

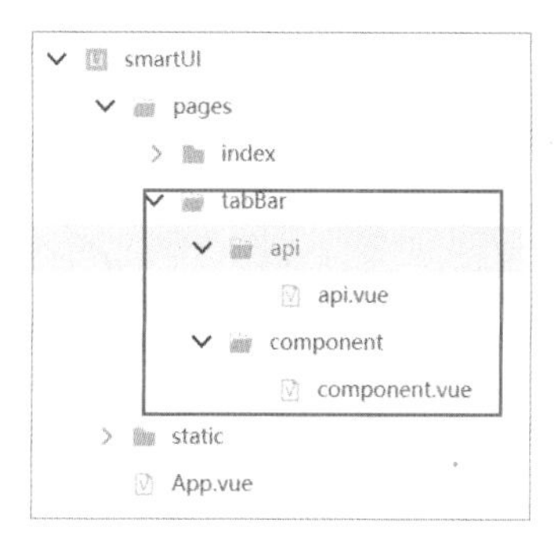

图 2-11　项目结构

第六步：准备对应的按钮菜单图片，可以在 https://www.iconfont.cn/ 网站根据菜单功能下载，如图 2-12 所示。

图 2-12　搜索图标

一般同一图片下载 2 张不同颜色的 PNG 透明图片，像素根据项目实际需要进行选择，本案例选择像素为 64×64，如图 2-13 和图 2-14 所示。

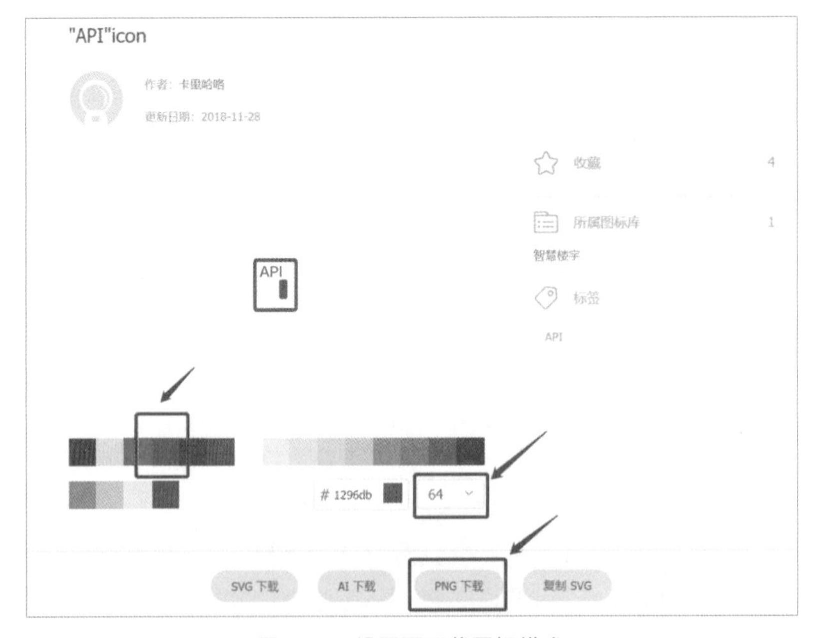

图 2-13　设置要下载图标样式

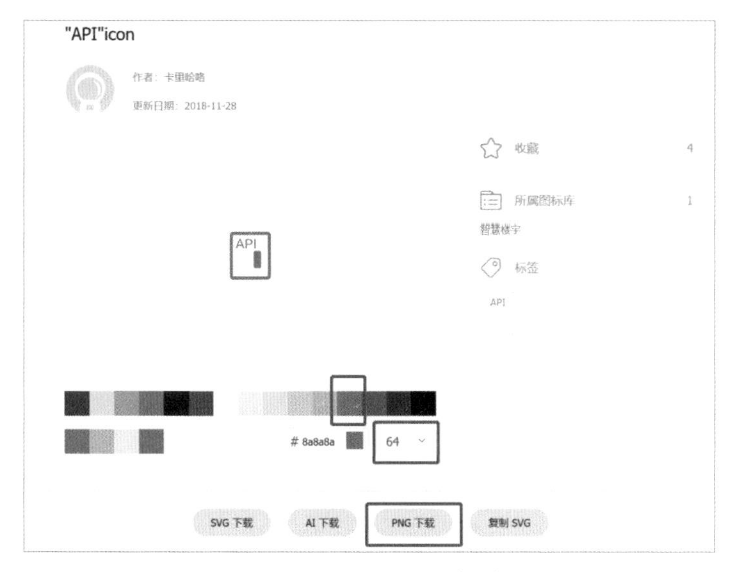

图 2-14　设置要下载图标样式

将下载的两张图粘贴在项目“static”目录下，将图片文件重命名为 api.png、api_select.png。如图 2-15 和图 2-16 所示。

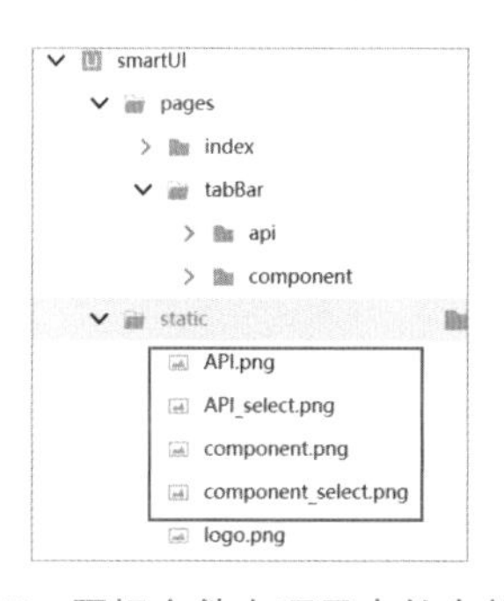

图 2-15　图标文件在项目中的存放路径

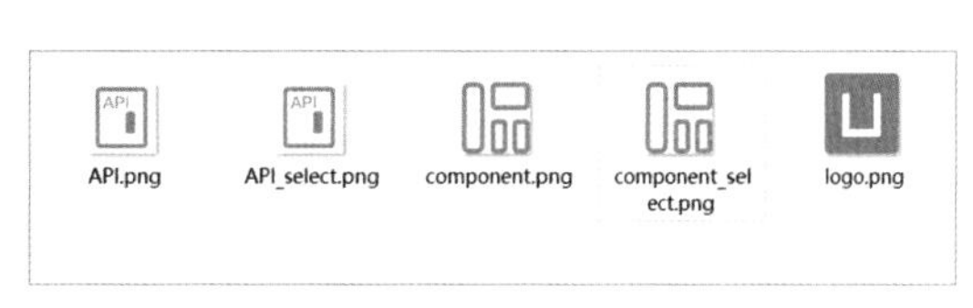

图 2-16　图标文件

第七步：打开“pages.json”文件，在此配置文件中，新增 tabBar 节点，如图 2-17 所示。

```
},
"globalStyle": {
    "navigationBarTextStyle": "black",
    "navigationBarTitleText": "uni-app",
    "navigationBarBackgroundColor": "#F8F8F8",
    "backgroundColor": "#F8F8F8"
},
"tabBar": {
    "backgroundColor": "#F8F8F8",  //背景颜色
    "color": "#8F8F94",            //文字颜色
    "list": [
        {
            "text": "组件", //显示文字
            "pagePath": "pages/tabBar/component/component", //跳转目标路径
            "iconPath": "static/component.png", //未选中时图标
            "selectedIconPath": "static/component_select.png" // 选中后图标
        },
        {
            "text": "API",
            "pagePath": "pages/tabBar/api/api",
            "iconPath": "static/API.png",
            "selectedIconPath": "static/API_select.png"
        }]
}
```

图 2-17　配置 tabBar 选项菜单的 pages.json

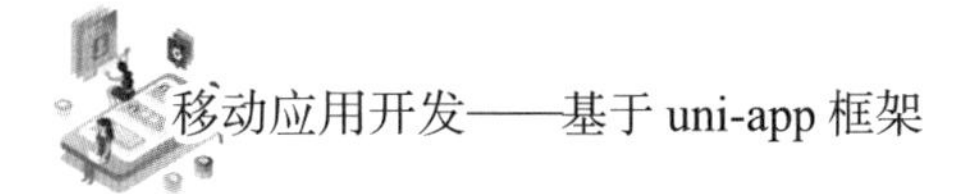

第八步：预览 SmartUI 项目，如图 2-18 所示。

图 2-18　预览效果图

注意：

请确保 api.vue 与 component.vue 文件在 pages.json 文件中已经进行注册。如果存在下面代码，表明已经注册，如果没有页面注册代码，可以手动添加，如图 2-19 所示。

```
{
    "pages": [ //pages数组中第一项表示应用启动页，参考：https://uniapp.dc
        {
            "path" : "pages/tabBar/api/api",
            "style" : {}
        }
        ,{
            "path" : "pages/tabBar/component/component",
            "style" : {}
        },
        {
            "path": "pages/index/index",
            "style": {
                "navigationBarTitleText": "smartUI"
            }

        }

    ],
    "globalStyle": {
```

图 2-19　pages.json 文件配置

第九步：修改应用标题，打开“pages.json”文件，找到“globalStyle”，修改【navigationBarTitleText】中的属性便可，如图 2-20 所示。

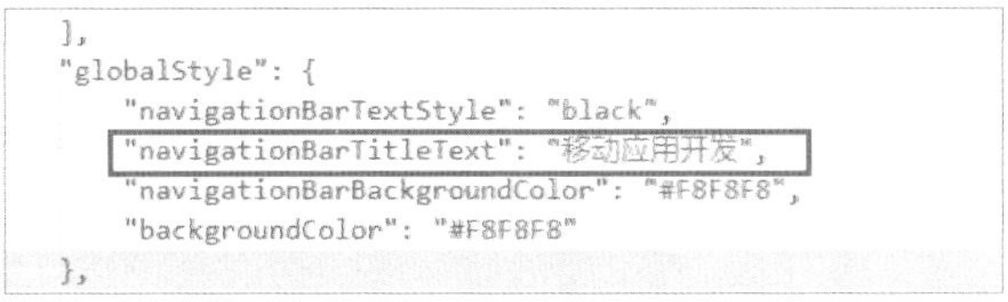

```
],
"globalStyle": {
    "navigationBarTextStyle": "black",
    "navigationBarTitleText": "移动应用开发",
    "navigationBarBackgroundColor": "#F8F8F8",
    "backgroundColor": "#F8F8F8"
},
```

图 2-20　修改应用标题

第十步：为了便于大家观察点击不同的底部导航菜单显示相应的内容，下面修改 api.vue 与 component.vue 文件，如图 2-21 所示，分别打开上述两个文件。

图 2-21　项目结构

添加相应的内容，如图 2-22 所示。

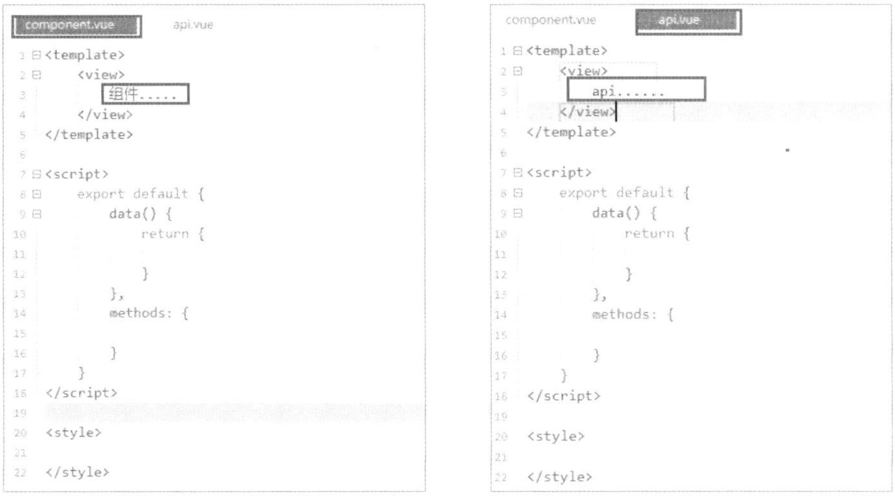

```
component.vue    api.vue
1  <template>
2      <view>
3          组件.....
4      </view>
5  </template>
6
7  <script>
8      export default {
9          data() {
10             return {
11
12             }
13         },
14         methods: {
15
16         }
17     }
18 </script>
19
20 <style>
21
22 </style>
```

```
component.vue    api.vue
1  <template>
2      <view>
3          api......
4      </view>
5  </template>
6
7  <script>
8      export default {
9          data() {
10             return {
11
12             }
13         },
14         methods: {
15
16         }
17     }
18 </script>
19
20 <style>
21
22 </style>
```

图 2-22　编辑 vue 文件内容

第十一步：最终预览效果如图 2-23 所示。

图 2-23　预览效果

2.2　uni-app 基础组件

uni-app 为开发者提供了一系列基础组件，类似 HTML 中的基础标签元素。但 uni-app 的组件与 HTML 不同，而与小程序相同，更适合手机端使用。虽然不推荐使用 HTML 标签，但实际上如果开发者写了 div 等标签，在编译到非 H5 平台时也会被编译器转换为 view 标签，类似的还有 span 转换为 text、a 转换为 navigator 等，包括 css 中的元素选择器也会转换。但为了管理方便、策略统一，新写代码时仍然建议使用 view 等组件。下面讲解常用几大组件的使用。

2.2.1　视图容器

1. view 视图

view 类似于传统 HTML 中的 div，用于包裹各种元素内容。

第一步：打开 SmartUI 项目中的 component.vue，在此文件中添加如下代码，如图 2-24 所示。

```
<template>
	<view >
		<view >1. 容器</view>
		<view><text>view视图</text></view>
		<view><text>scroll-view滚动视图</text></view>
		<view><text>swiper可滑动视图</text></view>
	</view>
</template>

<script>
	export default {
		data() {
			return {

			}
		},
		methods: {

		}
	}
</script>
```

图 2-24　编辑 component.vue 文件

注意，该页面中 <template></template> 标签中只有一个 <view></view> 根元素，预览效果如图 2-25 所示。

图 2-25　预览效果

第二步：修饰此页面。在 uni-app 项目开发中，页面的修饰与网页设计的 CSS 一样。下面创建一个存放 CSS 文件的目录“lib”→“css”，如图 2-26 ～图 2-28 所示。

图 2-26　新建存放 CSS 的目录

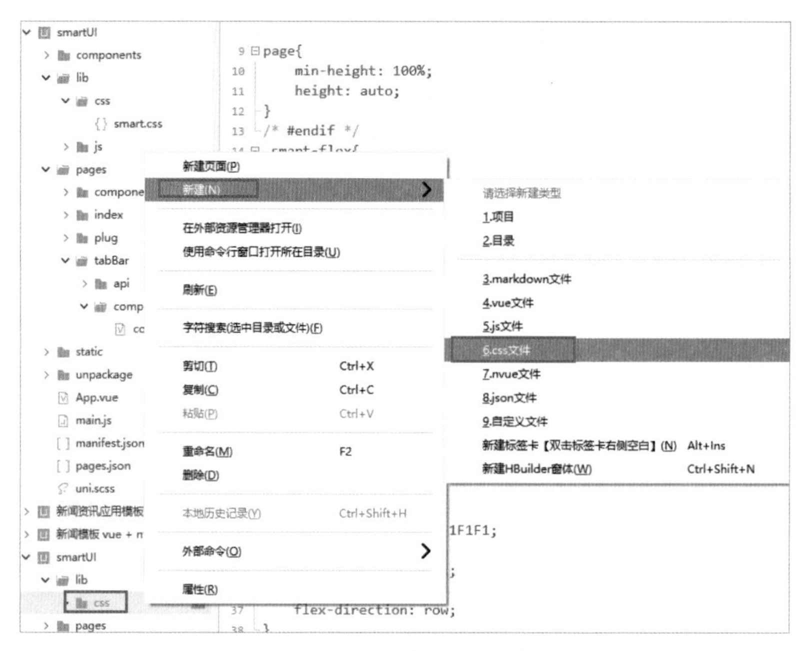

图 2-27　新建 CSS 文件

图 2-28　文件命名

目录创建成功后，项目目录结构如图 2-29 所示。

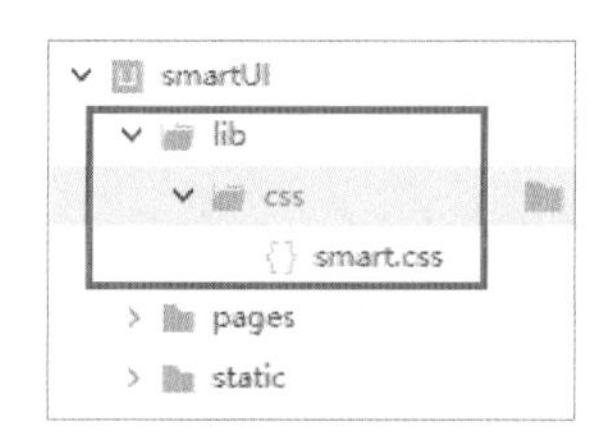

图 2-29　CSS 文件所在目录结构

第三步：打开新建的“smart.css”文件，添加图 2-30 所示样式代码。

```
.smart-container {
    padding: 15rpx;
    background-color: #f8f8f8;
}
```

图 2-30　样式代码

第四步：在 component.vue 文件中引用第三步中定义的样式 .smart-container，引用方式如图 2-31 所示。

```
<template>
    <view >
        <view class="smart-container">1. 容器</view>
        <view><text>view视图</text></view>
        <view><text>scroll-view滚动视图</text></view>
        <view><text>swiper可滑动视图</text></view>
    </view>
</template>
```

图 2-31 标签样式定义

第五步：下面将 smart.css 文件中定义的样式与 component.vue 文件关联，使其拥有此效果。
首先，打开项目根目录下面的 app.vue 文件，如图 2-32 所示。
其次，在 app.vue 文件中添加如下代码，如图 2-33 所示。

图 2-32 打开 app.vue 文件

```
<script>
    export default {
        onLaunch: function() {
            console.log('App Launch')
        },
        onShow: function() {
            console.log('App Show')
        },
        onHide: function() {
            console.log('App Hide')
        }
    }
</script>

<style>
    /*每个页面公共css */
    @import './lib/css/smart.css';
</style>
```

图 2-33 配置全局样式代码

第六步：预览效果如图 2-34 所示。

图 2-34 预览效果

第七步：同理，添加其他 CSS 样式效果，如图 2-35 所示，并在 component.vue 文件中引用，如图 2-36 所示。

```
.smart-container {
    padding: 15rpx;
    background-color: #f8f8f8;
}
.smart-panel{
    margin-bottom: 12px;
}
.smart-panel-title{
    background-color:#F1F1F1;
    font-size: 14px;
    font-weight: normal;
    padding: 12px;
    flex-direction: row;
}
.smart-panel-h{
    background-color: #FFFFFF;
    flex-direction: row;
    align-items: center;
    padding: 12px;
    margin-bottom: 2px;
}
```

图 2-35　编辑新样式

```
<template>
    <view >
        <view class="smart-container">1. 容器</view>
        <view class="smart-panel-title"><text>view视图</text></view>
        <view class="smart-panel-h"><text>scroll-view滚动视图</text></view>
        <view class="smart-panel-h"><text>swiper可滑动视图</text></view>
    </view>
</template>
```

图 2-36　引入样式

最终预览效果如图 2-37 所示。

图 2-37　预览效果

第八步：页面设计完毕后，在上述页面每个菜单中添加跳转功能。例如，点击“view 视图”进入 view.vue，点击“scroll-view 滚动视图”进入 scroll-view.vue 页面等。为此，在 components.

vue 页面中定义一个 JS 函数 goDetailPage，主要功能是通过传递的参数，跳转到相应的页面，代码如图 2-38 所示。

```
<template>
    <view class="smart-container">
        <view class="smart-panel-title">1. 容器</view>
        <view class="smart-panel-h"><text>view视图</text></view>
        <view class="smart-panel-h"><text>scroll-view滚动视图</text></view>
        <view class="smart-panel-h"><text>swiper可滑动视图</text></view>
    </view>
</template>

<script>
    export default {
        data() {
            return {

            }
        },
        methods: {
            goDetailPage(e) {
                if (typeof e === 'string') {
                    uni.navigateTo({
                        url: '/pages/components/' + e + '/' + e
                    });
                } else {
                    uni.navigateTo({
                        url: e.url
                    });
                }
            }
        }
    }
</script>
```

图 2-38　编辑跳转函数

第九步：在菜单项上添加单击事件，如图 2-39 框出部分所示。

```
<template>
    <view class="smart-container">
        <view class="smart-panel-title">1. 容器</view>
        <view class="smart-panel-h" @click="goDetailPage('view')"><text>view视图</text></view>
        <view class="smart-panel-h" @click="goDetailPage('scroll-view')"><text>scroll-view滚动视图</text></view>
        <view class="smart-panel-h" @click="goDetailPage('swiper')"><text>swiper可滑动视图</text></view>
    </view>
</template>

<script>
    export default {
        data() {
            return {

            }
        },
        methods: {
            goDetailPage(e) {
                if (typeof e === 'string') {
                    uni.navigateTo({
                        url: '/pages/components/' + e + '/' + e
                    });
                } else {
                    uni.navigateTo({
                        url: e.url
                    });
                }
            }
        }
    }
</script>
```

图 2-39　调用跳转函数

第十步：创建功能菜单对应的页面，在 goDetailPage 函数中，url 跳转目录为 pages/components/ 目录下，下面在此目录下创建相应的 vue 页面，在“SmartUI 项目”→“pages”→“components”下新建 view.vue 页面，如图 2-40 和图 2-41 所示。

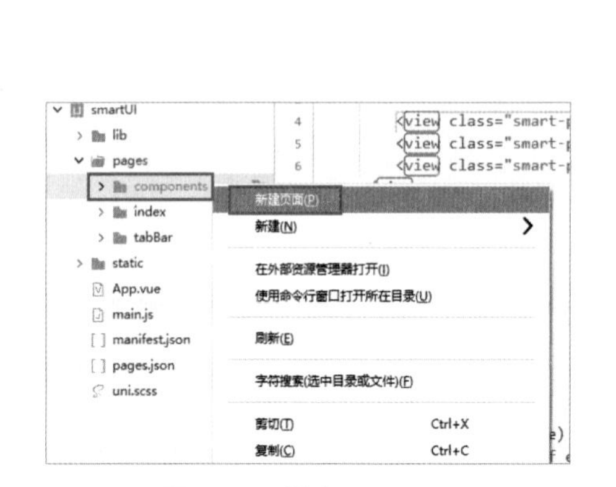

图 2-40　新建 vue 页面

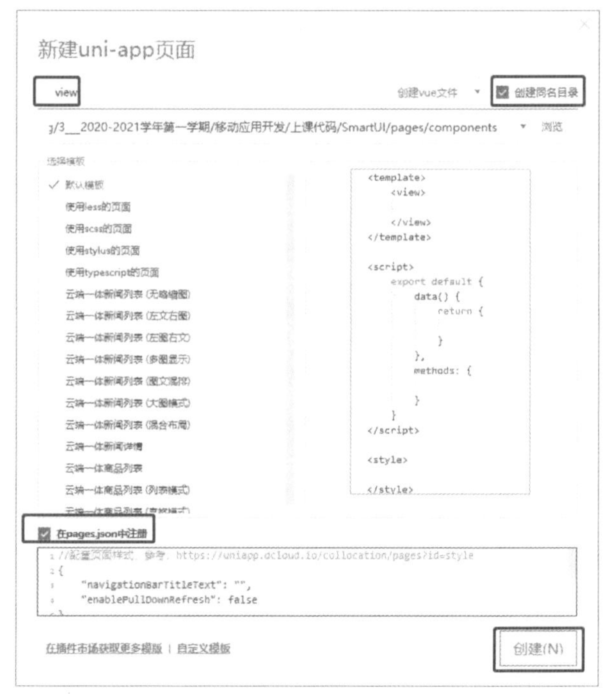

图 2-41　页面命名

创建成功后，项目目录结构如图 2-42 所示。

编辑页面，双击打开“pages”→“components”→“view”→“view.vue”文件，添加图 2-43 所示内容。

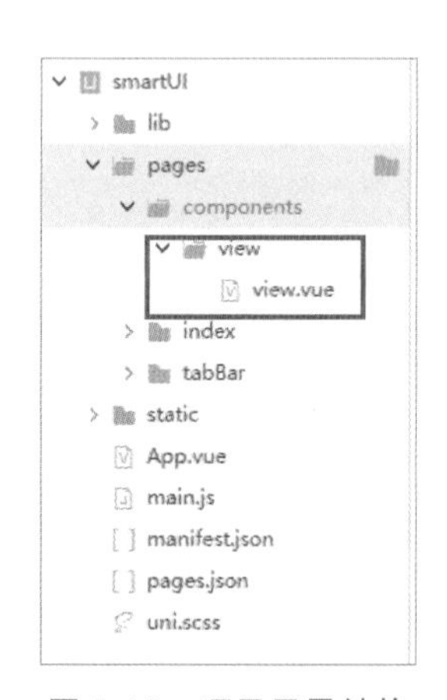

图 2-42　项目目录结构

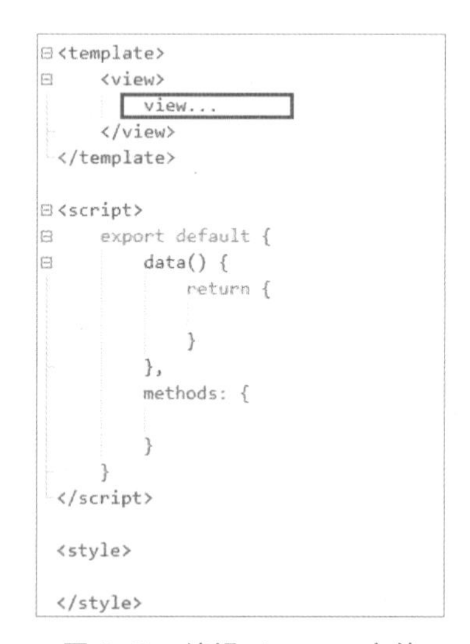

图 2-43　编辑 view.vue 文件

第十一步：预览测试。点击图 2-44 中的功能菜单“view 视图”，将进入一个新的页面，如图 2-45 所示。

图 2-44 预览效果

图 2-45 view.vue 页面预览效果

第十二步：打开“lib”→“css”→“smart.css”文件。添加图 2-46 所示框选区域样式代码，主要用于公共标题样式设计。

```
    padding: 12px;
    margin-bottom: 2px;
}

/**================================**/
/*页面*/
.smart-page-head{
    padding: 35rpx;
    text-align: center;
}
.smart-page-head-title{
    font-size: 30rpx;
    height: 88rpx;
    line-height: 88rpx;
    color: #bebebe;
    border-bottom: 2rpx solid #d8d8d8;
    padding: 0 40rpx;
    box-sizing: border-box;
    display: inline-block;/*对内具有块级元素的宽和高的属性，即你可以对它设定宽和高，对外却具有内联元素的无换行符特性*/
}
```

图 2-46 编辑 smart.css 文件

第十三步：编辑 view.vue 页面，创建页面顶部标题区域，如图 2-47 所示。

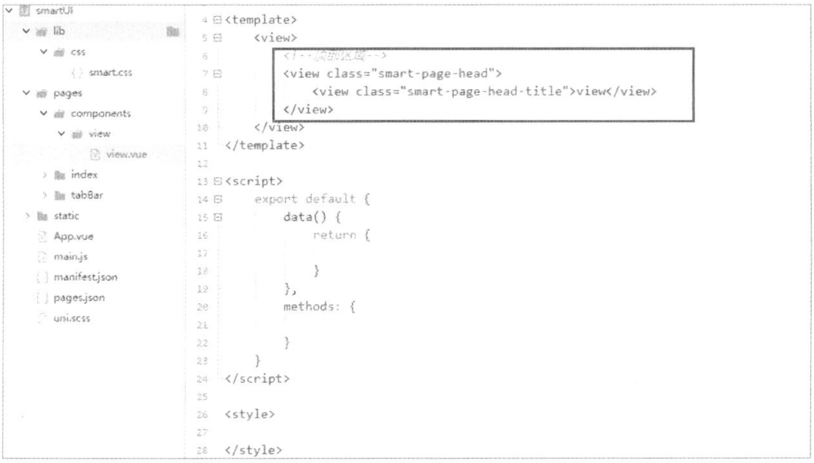

```
<template>
    <view>
        <!--头部区域-->
        <view class="smart-page-head">
            <view class="smart-page-head-title">view</view>
        </view>
    </view>
</template>

<script>
    export default {
        data() {
            return {

            }
        },
        methods: {

        }
    }
</script>

<style>

</style>
```

图 2-47 引入样式

第十四步：引入样式后，预览效果如图 2-48 所示。

图 2-48 view.vue 页面预览效果

（1）横向布局

第一步：打开“lib”→“css”→“smart.css”文件，添加如下样式代码。

```
.smart-padding-wrap{
    padding: 0 30rpx;
}
.smart-flex{
    display: flex;
}
.smart-row{
    lex-direction: row;
}
.flex-item {
    width: 33.3%;
    height: 200rpx;
    line-height: 200rpx;
    text-align: center;
}
/*背景色*/
.smart-bg-red{
    background: #F76260; color: #FFFFFF;
}
.smart-bg-green{
    background: #09BB07; color: #FFFFFF;
}
.smart-bg-blue{
    background: #007aff; color: #FFFFFF;
}
```

第二步：打开“pages”→“components”→“view”→“view.vue”文件。

```
<template>
    <view>
        <!--顶部区域-->
        <view class="smart-page-head">
```

```
            <view class="smart-page-head-title">view</view>
        </view>
        <!--主题部分-->
        <view class="smart-padding-wrap">
            <view>flex-direction:row 横向布局</view>
        </view>
        <view class="smart-flex smart-row">
            <view class="flex-item smart-bg-blue">A</view>
            <view class="flex-item smart-bg-green">B</view>
            <view class="flex-item smart-bg-red">c</view>
        </view>
    </view>
</template>

<script>
    export default {
        data() {
            return {
            }
        },
        methods: {
        }
    }
</script>
<style>
</style>
```

第三步：预览效果如图 2-49 所示。

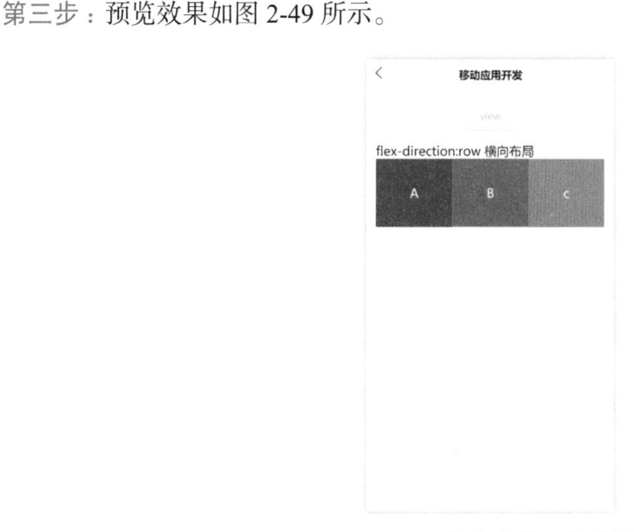

图 2-49　横向布局预览效果

（2）纵向布局

第一步：打开“lib”→“css”→“smart.css”文件，添加如下样式代码。

```
.smart-column{
    flex-direction: column;
}
.flex-item-100 {
    width: 100%;
    height: 200rpx;
    line-height: 200rpx;
```

```
    text-align: center;
}
```

第二步：打开“pages”→“components”→“view”→“view.vue”文件。

```
<template>
    <view>
        <!--顶部区域-->
        <view class="smart-page-head">
            <view class="smart-page-head-title">view</view>
        </view>
        <!--主题部分-->
        <view class="smart-padding-wrap">
            <view>flex-direction:row 横向布局</view>
        </view>
        <view class="smart-flex smart-row">
            <view class="flex-item smart-bg-blue">A</view>
            <view class="flex-item smart-bg-green">B</view>
            <view class="flex-item smart-bg-red">c</view>
        </view>
<view>flex-direction:row 纵向布局</view>
        <view class="smart-flex smart-column">
            <view class="flex-item-100 smart-bg-blue">A</view>
            <view class="flex-item-100 smart-bg-green">B</view>
            <view class="flex-item-100 smart-bg-red">c</view>
        </view>
    </view>
</template>

<script>
    export default {
        data() {
            return {
            }
        },
        methods: {
        }
    }
</script>
<style>
</style>
```

第三步：预览效果如图 2-50 所示。

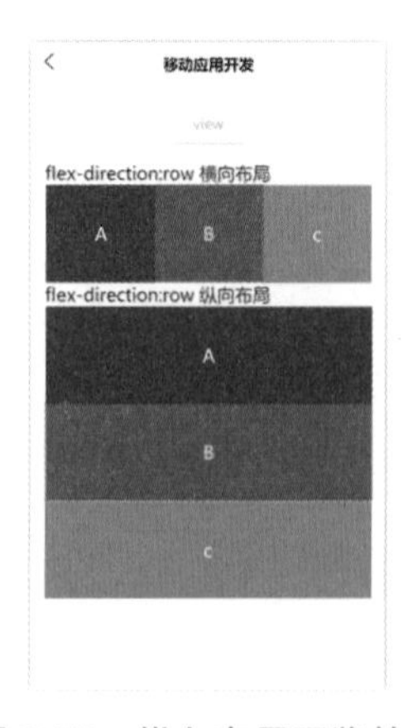

图 2-50　纵向布局预览效果

（3）其他布局

第一步：打开“lib”→“css”→“smart.css”文件，添加如下样式代码。

```
.text {
    margin: 15rpx 10rpx;
    padding: 0 20rpx;
    background-color: #ebebeb;
    height: 70rpx;
    line-height: 70rpx;
    color: #777;
    font-size: 26rpx;
}
```

第二步：打开“pages”→“components”→“view”→“view.vue”文件。

```
<template>
    <view>
        <!--顶部区域-->
        <view class="smart-page-head">
            <view class="smart-page-head-title">view</view>
        </view>
        <!--主题部分-->
        <view class="smart-padding-wrap">
            <view>flex-direction:row 横向布局</view>
        </view>
        <view class="smart-flex smart-row">
            <view class="flex-item smart-bg-blue">A</view>
            <view class="flex-item smart-bg-green">B</view>
            <view class="flex-item smart-bg-red">c</view>
        </view>
        <view>flex-direction:row 纵向布局</view>
        <view class="smart-flex smart-column">
            <view class="flex-item-100 smart-bg-blue">A</view>
            <view class="flex-item-100 smart-bg-green">B</view>
            <view class="flex-item-100 smart-bg-red">c</view>
        </view>
        <view>其他布局</view>
            <view>
                <view class="text">纵向布局-自动宽度</view>
                <view class="text" style="width: 300rpx;">纵向布局-固定宽度</view>
                <view class="smart-flex smart-row">
                    <view class="text">横向布局-自动宽度</view>
                    <view class="text">横向布局-自动宽度</view>

                </view>
                 <view class="smart-flex smart-row" style="justify-content:
center;-webkit-justify-content:center;">
                    <view class="text">横向布局-居中</view>
                    <view class="text">横向布局-居中</view>
                </view>
                     <view class="smart-flex smart-row" style="justify-
content: flex-end; -webkit-justify-content:flex-end;">
                    <view class="text">横向布局-居右</view>
                    <view class="text">横向布局-居右</view>
                </view>
```

```
                    <view class="smart-flex smart-row">
                        <view class="text" style="-webkit-flex:1;flex:1;">横向
布局-平均分布</view>
                        <view class="text" style="-webkit-flex:1;flex:1;">横向
布局-平均分布</view>
                    </view>

                        <view class="smart-flex smart-row" style="justify-
content: space-between;-webkit-justify-content:space-between;">
                        <view class="text" >横向布局-两端对齐</view>
                        <view class="text" >横向布局-两端对齐</view>
                    </view>

                    <view class="smart-flex smart-row">
                        <view class="text" style="width: 150rpx;">固定宽度</view>
                        <view class="text" style="-webkit-flex:1;flex:1;">自动占
满</view>
                    </view>
                    <view class="smart-flex smart-row">
                        <view class="text" style="width: 150rpx;">固定宽度</view>
                        <view class="text" style="-webkit-flex:1;flex:1;">自动占
满</view>
                        <view class="text" style="width: 150rpx;">固定宽度</view>
                    </view>
                        <view class="smart-flex smart-row" style="flex-wrap:
wrap;-webkit-flex-wrap:wrap;">
                        <view class="text" style="width: 280rpx;">一行显示不全
wrap折行</view>
                        <view class="text" style="width: 280rpx;">一行显示不全
wrap折行</view>
                        <view class="text" style="width: 280rpx;">一行显示不全
wrap折行</view>
                    </view>
                </view>
        </view>
    </template>

    <script>
        export default {
            data() {
                return {
                }
            },
            methods: {
            }
        }
    </script>
    <style>
    </style>
```

第三步：预览效果如图 2-51 所示。

图 2-51 其他布局预览效果

2. scroll-view 滚动视图

scroll-view 为滚动视图，分为水平滚动和垂直滚动。需注意在 webview 渲染的页面中，区域滚动的性能不及页面滚动。scroll-view 的属性及其说明如表 2-3 所示。

表 2-3 scroll-view 的属性及其说明

属 性 名	类 型	默 认 值	说 明
scroll-x	Boolean	false	允许横向滚动
scroll-y	Boolean	false	允许纵向滚动
upper-threshold	Number	50	距顶部 / 左边多远时（单位 px），触发 scrolltoupper 事件
lower-threshold	Number	50	距底部 / 右边多远时（单位 px），触发 scrolltolower 事件
scroll-top	Number		设置竖向滚动条位置
scroll-left	Number		设置横向滚动条位置
scroll-into-view	String		值应为某子元素 id（id 不能以数字开头）。设置哪个方向可滚动，则在哪个方向滚动到该元素
scroll-with-animation	Boolean	false	在设置滚动条位置时使用动画过渡
enable-back-to-top	Boolean	false	iOS 点击顶部状态栏、安卓双击标题栏时，滚动条返回顶部，只支持竖向
show-scrollbar	Boolean	false	控制是否出现滚动条
refresher-enabled	Boolean	false	开启自定义下拉刷新
refresher-threshold	number	45	设置自定义下拉刷新阈值
refresher-default-style	string	"black"	设置自定义下拉刷新默认样式，支持设置 black、white、none，none 表示不使用默认样式
refresher-background	string	"#FFF"	设置自定义下拉刷新区域背景颜色
refresher-triggered	boolean	false	设置当前下拉刷新状态，true 表示下拉刷新已经被触发，false 表示下拉刷新未被触发
enable-flex	boolean	false	启用 flexbox 布局。开启后，当前节点声明了 display: flex 就会成为 flex container，并作用于其孩子节点

续表

属 性 名	类　型	默 认 值	说　明
scroll-anchoring	boolean	false	开启 scroll anchoring 特性，即控制滚动位置不随内容变化而抖动，仅在 iOS 下生效，安卓下可参考 CSS overflow-anchor 属性
@scrolltoupper	EventHandle		滚动到顶部 / 左边，会触发 scrolltoupper 事件
@scrolltolower	EventHandle		滚动到底部 / 右边，会触发 scrolltolower 事件
@scroll	EventHandle		滚动时触发，event.detail = {scrollLeft, scrollTop, scrollHeight, scrollWidth, deltaX, deltaY}
@refresherpulling	EventHandle		自定义下拉刷新控件被下拉
@refresherrefresh	EventHandle		自定义下拉刷新被触发
@refresherrestore	EventHandle		自定义下拉刷新被复位
@refresherabort	EventHandle		自定义下拉刷新被中止

注意:

使用竖向滚动时，需要给 <scroll-view> 一个固定高度，通过 css 设置 height。

第一步：在项目中创建 scroll-view 页面，如图 2-52 和图 2-53 所示。

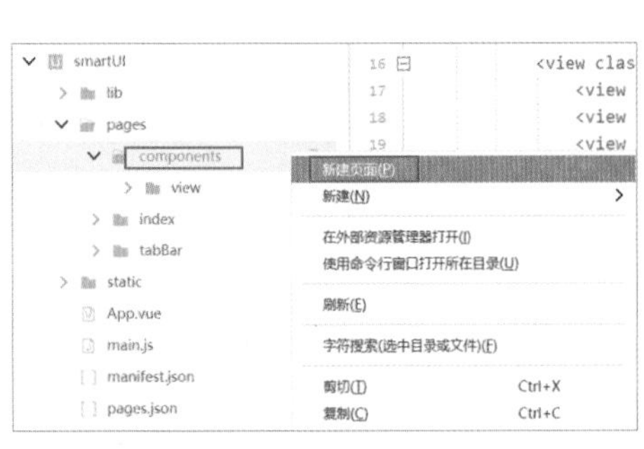

图 2-52　新建 scroll-view 页面

图 2-53　页面命名

第二步：在“scroll-view.vue”文件中，添加如下代码。

```
<template>
    <view>
        <!--顶部区域-->
        <view class="smart-page-head">
```

```
            <view class="smart-page-head-title">scroll-view区域滚动视图</view>
        </view>
        <view class="smart-padding-wrap">
            <view class="smart-text">可滚动视图区域。</view>
            <view>vertical scroll 纵向滚动</view>
            <view>
                <scroll-view class="scroll-y" scroll-y="true">
                    <view class="scroll-view-item smart-bg-red">A</view>
                    <view class="scroll-view-item smart-bg-blue">B</view>
                    <view class="scroll-view-item smart-bg-green">C</view>
                </scroll-view>
            </view>
            <view>horizontal scroll 横向滚动</view>
            <view>
                <scroll-view class="scroll-x" scroll-x="true" scroll-left="120">
                    <view class="scroll-view-item-h smart-bg-red">A</view>
                    <view class="scroll-view-item-h smart-bg-blue">B</view>
                    <view class="scroll-view-item-h smart-bg-green">C</view>
                </scroll-view>
            </view>
        </view>
    </view>
</template>

<script>
    export default {
        data() {
            return {

            }
        },
        methods: {

        }
    }
</script>

<style>

</style>
```

第三步：打开“lib”→“css”→“smart.css”文件，添加如下样式代码。

```
.scroll-view-item {
    width: 100%;
    height: 300rpx;
    line-height: 300rpx;
}
.scroll-x {
    white-space: nowrap;  /*强制在同一行内显示所有文本*/
    width: 100%;
}
.scroll-y {
    height: 300rpx;
}
.scroll-view-item-h {
    display: inline-block;
    height: 300rpx;
    width: 100%;
```

```
    line-height: 300rpx;
    text-align: center;
}
```

第四步：预览效果如图 2-54 所示。

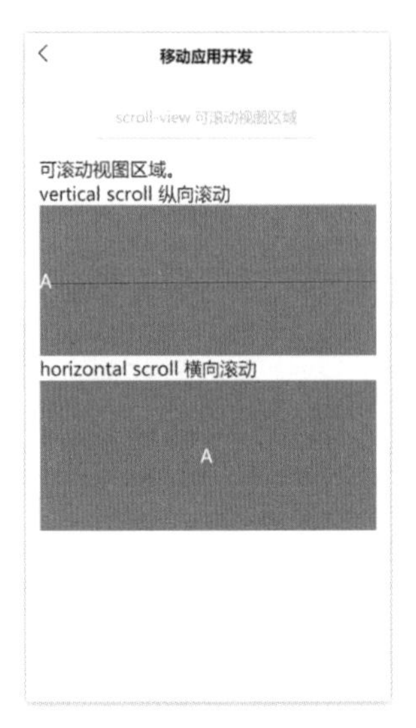

图 2-54　滚动区域预览效果

注意：

- 在 App-vue 和小程序中，请勿在 scroll-view 中使用 map、video 等原生组件。小程序的 scroll-view 中也不要使用 canvas、textarea 原生组件。微信基础库自 2.4.4 起支持原生组件在 scroll-view、swiper、movable-view 中的使用，app-nvue 无此限制。
- scroll-view 不适合放长列表，有性能问题。长列表滚动和下拉刷新，应该使用原生导航栏搭配页面级的滚动和下拉刷新实现，包括在 app-nvue 页面中。长列表应该使用 list 而不是 scroll-view。
- scroll-into-view 的优先级高于 scroll-top。
- scroll-view 是区域滚动，不会触发页面滚动，无法触发 pages.json 配置的下拉刷新、页面触底 onReachBottomDistance、titleNView 的 transparent 透明渐变。
- 若要使用下拉刷新，建议使用页面的滚动，而不是 scroll-view。插件市场有前端模拟的基于 scroll-view 的下拉刷新，但性能不佳。如必须使用前端下拉刷新，推荐使用基于 wxs 的下拉刷新，性能比基于 JS 监听方式更高。

scroll-view 的滚动条设置，可通过 css 的 -webkit-scrollbar 自定义，包括隐藏滚动条（app-nvue 无此 css）。

3. swiper 可滑动视图

滑块视图容器一般用于左右滑动或上下滑动，比如 banner 轮播图。

注意滑动切换和滚动的区别，滑动切换是一屏一屏地切换。swiper 下的每个 swiper-item 是一个滑动切换区域，不能停留在 2 个滑动区域之间。

swiper 可滑动视图属性及其说明如表 2-4 所示。

表 2-4　swiper 可滑动视图属性及其说明

属　性　名	类　　型	默 认 值	说　　明
indicator-dots	Boolean	false	是否显示面板指示点
indicator-color	Color	rgba(0, 0, 0, .3)	指示点颜色
indicator-active-color	Color	#000000	当前选中的指示点颜色
active-class	String		swiper-item 可见时的 class
changing-class	String		acceleration 设置为 {{true}} 时且处于滑动过程中，中间若干屏处于可见时的 class
autoplay	Boolean	false	是否自动切换
current	Number	0	当前所在滑块的 index
current-item-id	String		当前所在滑块的 item-id，不能与 current 同时指定
interval	Number	5000	自动切换时间间隔
duration	Number	500	滑动动画时长
circular	Boolean	false	是否采用衔接滑动，即播放到末尾后重新回到开头
vertical	Boolean	false	滑动方向是否为纵向
previous-margin	String	0px	前边距，可用于露出前一项的一小部分，接受 px 和 rpx 值
next-margin	String	0px	后边距，可用于露出后一项的一小部分，接受 px 和 rpx 值
acceleration	Boolean	false	当开启时，会根据滑动速度，连续滑动多屏
disable-programmatic-animation	Boolean	false	是否禁用代码变动触发 swiper 切换时使用动画
display-multiple-items	Number	1	同时显示的滑块数量
skip-hidden-item-layout	Boolean	false	是否跳过未显示的滑块布局，设为 true 可优化复杂情况下的滑动性能，但会丢失隐藏状态滑块的布局信息
disable-touch	Boolean	false	是否禁止用户 touch 操作
touchable	Boolean	true	是否监听用户的触摸事件，只在初始化时有效，不能动态变更
easing-function	String	default	指定 swiper 切换缓动动画类型，有效值：default、linear、easeInCubic、easeOutCubic、easeInOutCubic
@change	EventHandle		current 改变时会触发 change 事件，event.detail = {current: current, source: source}
@transition	EventHandle		swiper-item 的位置发生改变时会触发 transition 事件，event.detail = {dx: dx, dy: dy}，支付宝小程序暂不支持 dx, dy
@animationfinish	EventHandle		动画结束时会触发 animationfinish 事件，event.detail = {current: current, source: source}

第一步：新建 swiper.vue 页面，如图 2-55 和图 2-56 所示。

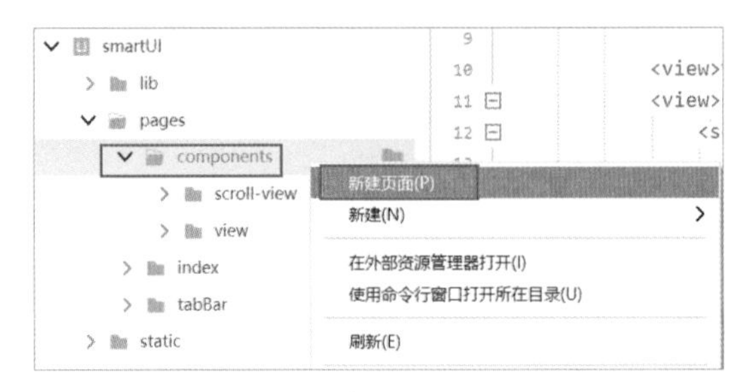

图 2-55　新建 swiper.vue 页面

图 2-56　页面命名

第二步：打开新建的文件，添加如下代码。

```
<template>
    <view>
        <!--顶部区域-->
        <view class="smart-page-head">
            <view class="smart-page-head-title">swiper 滑块视图</view>
        </view>
        <view class="smart-padding-wrap">
             <swiper circular :indicator-dots="indicatorDots" :autoplay="autoplay"
:interval="interval" :duration="duration">
                  <swiper-item><view class="swiper-item smart-bg-blue">A
</view></swiper-item>
                  <swiper-item><view class="swiper-item smart-bg-green">B
</view></swiper-item>
                  <swiper-item><view class="swiper-item smart-bg-red">C
</view></swiper-item>
            </swiper>
```

```
        </view>
    </view>
</template>

<script>
export default {
    data() {
        return {

            indicatorDots: true, /*指示点*/
            autoplay: true,      /*自动播放*/
            interval: 5000,      /*停留时长*/
            duration: 500        /*切换间隔时长*/
        }
    },
    methods: {}
};
</script>

<style>
</style>
```

第三步：打开 smart.css 文件，添加如下代码。

```
    .swiper-item {
        display: block;
        height: 300rpx;
        line-height: 300rpx;
        text-align: center;
    }
```

预览效果如图 2-57 所示。

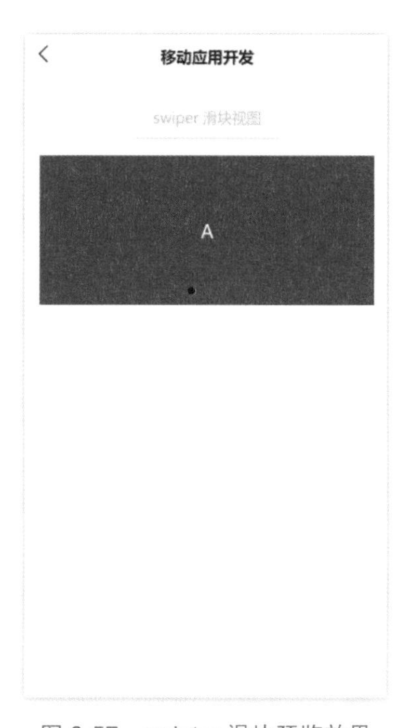

图 2-57　swipter 滑块预览效果

2.2.2　基础内容组件

为方便本小节内容与前面所讲内容进行整合。打开“SmartUI”→“tabBar”→“component”，添加功能菜单“component.vue”，如图 2-58 所示。

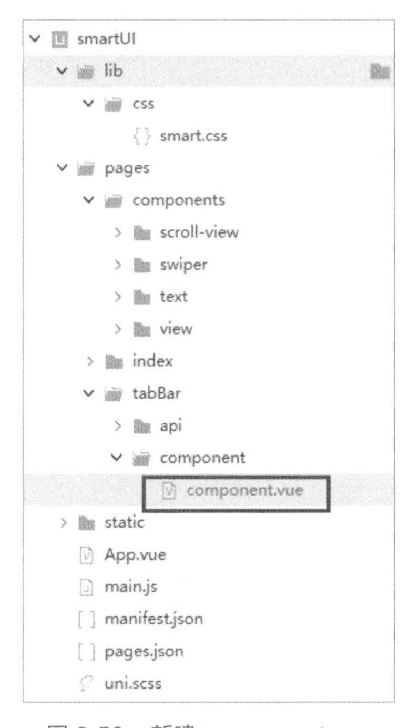

图 2-58　新建 component.vue

第一步：在“component.vue”页面中添加图 2-59 所示代码。

```
<template>
    <view class="smart-container">
        <view class="smart-panel-title">1. 容器</view>
        <view class="smart-panel-h" @click="goDetailPage('view')"><text>view视图</text></view>
        <view class="smart-panel-h" @click="goDetailPage('scroll-view')"><text>scroll-view滚动视图</text></view>
        <view class="smart-panel-h" @click="goDetailPage('swiper')"><text>swiper可滑动视图</text></view>

        <view class="smart-panel-title">2. 基础内容</view>
        <view class="smart-panel-h" @click="goDetailPage('text')"><text>text文本编辑</text></view>
        <view class="smart-panel-h" @click="goDetailPage('rich-text')"><text>rich-text富文本编辑</text></view>
        <view class="smart-panel-h" @click="goDetailPage('progress')"><text>progress进度条</text></view>

    </view>


</template>
```

图 2-59　“component.vue”页面新增代码

第二步：预览效果如图 2-60 所示。

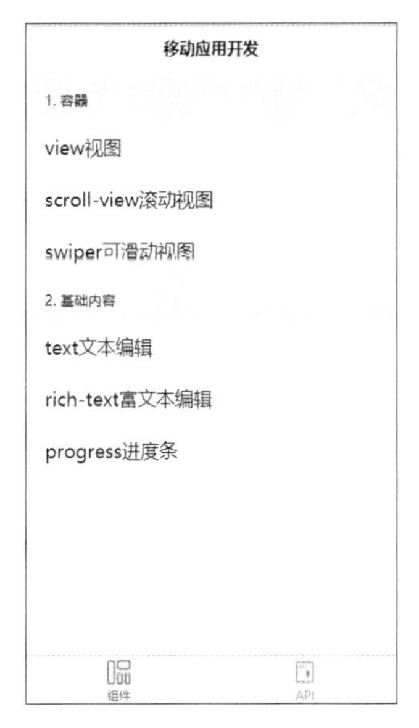

图 2-60 预览效果

1. text 文本组件

text 文本组件主要用于包裹文本内容。属性及其说明如表 2-5 所示。

表 2-5 text 文本组件的属性及其说明

属 性 名	类 型	默 认 值	说 明
selectable	Boolean	false	文本是否可选
space	String		显示连续空格
decode	Boolean	false	是否解码

第一步：在“pages”→“components”目录下新建“text.vue”页面。创建完毕后，目录结构如图 2-61 所示。

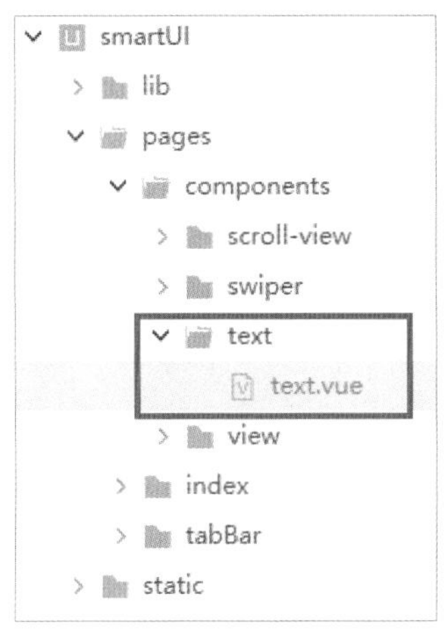

图 2-61 目录结构

第二步：在此“text.vue”文件中添加如下代码，如图 2-62 所示。

```
<!--顶部区域-->
        <view class="smart-page-head">
            <view class="smart-page-head-title">text 文本组件</view>
        </view>
        <view class="smart-padding-wrap">
            <view class="text-box" scroll-y="true">
                <text>{{ text }}</text>
            </view>
            <button type="primary">add line</button>
            <button type="warn">remove line</button>
        </view>
```

```
<template>
    <view>
        <!--顶部区域-->
        <view class="smart-page-head">
            <view class="smart-page-head-title">text 文本组件</view>
        </view>
        <view class="smart-padding-wrap">
            <view class="text-box" scroll-y="true">
                <text>{{ text }}</text>
            </view>
            <button type="primary" >add line</button>
            <button type="warn" >remove line</button>
        </view>
    </view>
</template>

<script>
    export default {
        data() {
            return {

            }
        },
        methods: {

        }
    }
</script>

<style>

</style>
```

图 2-62　编辑 text.vue 页面

第三步：打开 smart.css 文件，添加如下样式代码。

```
.text-box {
    margin-bottom: 40rpx;
    padding: 40rpx 0;
    display: flex;
    min-height: 300rpx;
    background-color: #d8d8d8;
    justify-content: center;
    align-items: center;
    text-align: center;
    font-size: 30rpx;
    color: #353535;
    line-height: 1.8;
}
```

第四步：给按钮添加单击事件，如图 2-63 所示。

```
<button type="primary" :disabled="!canAdd" @click="add">add line</button>
<button type="warn" :disabled="!canRemove" @click="remove">remove line</button>
```

图 2-63　添加按钮单击事件

第五步：实现此单击事件功能。在“text.vue”页面的 <script>…</script> 中添加如下代码。

```
export default {
    data() {
        return {
            texts: [
                'HBuilder，400万开发者选择的IDE',
                'HBuilderX，轻巧、极速，极客编辑器',
                'uni-app，终极跨平台方案',
                'HBuilder，400万开发者选择的IDE',
                'HBuilderX，轻巧、极速，极客编辑器',
                'uni-app，终极跨平台方案',
                'HBuilder，400万开发者选择的IDE',
                'HBuilderX，轻巧、极速，极客编辑器',
                'uni-app，终极跨平台方案',
                '......'
            ],
            text: '',
            canAdd: true,
            canRemove: false,
            extraLine: []
        };
    },
    methods: {
        add: function(e) {
            this.extraLine.push(this.texts[this.extraLine.length % 12]);
            this.text = this.extraLine.join('\n');
            this.canAdd = this.extraLine.length < 12;
            this.canRemove = this.extraLine.length > 0;
        },
        remove: function(e) {
            if (this.extraLine.length > 0) {
                this.extraLine.pop();
                this.text = this.extraLine.join('\n');
                this.canAdd = this.extraLine.length < 12;
                this.canRemove = this.extraLine.length > 0;
            }
        }
    }
};
```

第六步：预览效果如图 2-64 所示。

图 2-64　预览效果

2. rich-text 富文本组件

rich-text 富文本组件可以显示除纯文本外的其他内容，其属性及其说明如表 2-6 所示。

表 2-6　rich-text 富文本组件的属性及其说明

属 性 名	类　型	默 认 值	说　明
nodes	Array / String	[]	节点列表 / HTML String
space	string		显示连续空格
selectable	Boolean	false	富文本是否可以长按选中，可用于复制、粘贴等场景

第一步：新建 rich-text 页面，如图 2-65 所示。

图 2-65　新建 rich-text.vue 页面

第二步：在“rich-text.vue”中添加如下代码，如图 2-66 所示。

```
<template>
    <view>
        <page-head title="rich-text,富文本"></page-head>
        <view class="smart-padding-wrap">
            <view><rich-text :nodes="nodes"></rich-text></view>
            <view><rich-text :nodes="strings"></rich-text></view>
        </view>
    </view>
</template>
```

图 2-66　编辑 rich-text.vue 页面

第三步：添加默认返回值，如图 2-67 所示。

```
<script>
    export default {
```

```
            data() {
                return {
                    nodes: [
                        {
                            name: 'div',
                            attrs: {
                                class: 'div-class',
                                style: 'line-height: 60px; color: red; text-
align:center;background-color: #09BB07;'
                            },
                            children: [
                                {
                                    type: 'text',
                                    text: 'Hello uni-app!'
                                }
                            ]
                        }
                    ],
                    strings: '<div style="text-align:center;margin-top:50rpx;"><img
src="/static/logo.png"/></div>'
                };

            },
            methods: {

            }
        }
    </script>
```

```
<script>
export default {
    data() {
        return {
            nodes: [
                {
                    name: 'div',
                    attrs: {
                        class: 'div-class',
                        style: 'line-height: 60px; color: red; text-align:center;background-color: #09BB07;'
                    },
                    children: [
                        {
                            type: 'text',
                            text: 'Hello uni-app!'
                        }
                    ]
                }
            ],
            strings: '<div style="text-align:center;margin-top:50rpx;"><img src="/static/logo.png"/></div>'
        };
    },
    methods: {}
};
</script>
```

图 2-67　添加返回值

第四步：预览效果如图 2-68 所示。

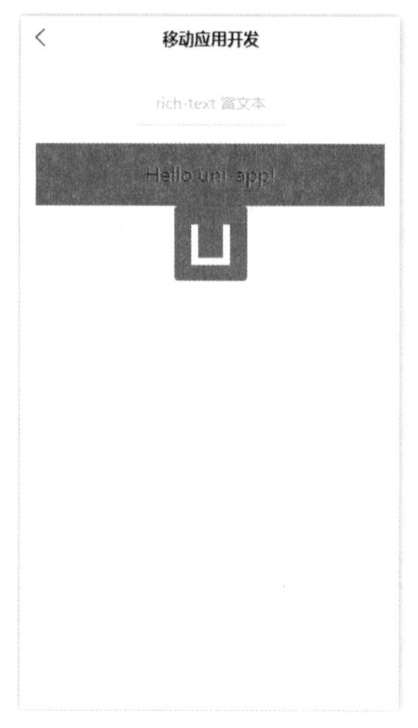

图 2-68　预览效果

3. progress 进度条

progress 进度条的属性及其说明如表 2-7 所示。

表 2-7　progress 进度条的属性及其说明

属 性 名	类　型	默 认 值	说　明
percent	Float	无	百分比 0~100
show-info	Boolean	false	在进度条右侧显示百分比
border-radius	number/string	0	圆角大小
font-size	number/string	16	右侧百分比字体大小
stroke-width	Number	6	进度条线的宽度，单位为 px
activeColor	Color	#09BB07（百度为 #E6E6E6）	已选择的进度条的颜色
backgroundColor	Color	#EBEBEB	未选择的进度条的颜色
active	Boolean	false	进度条从左往右的动画
active-mode	String	backwards	backwards：动画从头播；forwards：动画从上次结束点接着播
duration	number	30	进度增加 1% 所需毫秒数
@activeend	EventHandle		动画完成事件

第一步：新建“progress.vue”页面，如图 2-69 所示。

图 2-69　新建 progress.vue 页面

第二步：在 progress.vue 页面中添加如下代码。

```
<template>
    <view>
        <!--顶部区域-->
        <view class="smart-page-head">
            <view class="smart-page-head-title">progress,进度</view>
        </view>
        <view class="smart-padding-wrap">
            <view class="progress-box">
                 <progress :percent="pgList[0]" show-info stroke-width="3"
active="true" /></view>
                <view class="progress-box"><progress :percent="pgList[1]"
activeColor="#10AEFF" stroke-width="3" /></view>
            <view class="progress-control">
                <button type="primary" @click="setProgress">设置进度</button>
                <button type="warn" @click="clearProgress">清除进度</button>
            </view>
        </view>
    </view>
</template>

<script>
    export default {
        data() {
            return {
                pgList: [0, 0]
```

```
            };
        },
        methods: {
            setProgress() {
                this.pgList = [20, 40];
            },
            clearProgress() {
                this.pgList = [0, 0];
            }
        }
    }
</script>

<style>

</style>
```

第三步：在 smart.css 文件中加添加如下样式代码。

```
.progress-box {
    height: 50rpx;
    margin-bottom: 60rpx;
}
.progress-control button {
    margin-top: 20rpx;
}
```

第四步：预览效果如图 2-70 所示。

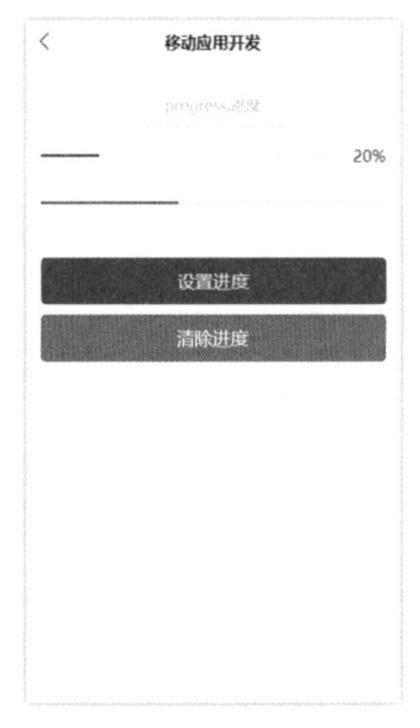

图 2-70　预览效果

2.2.3　表单组件

打开“SmartUI”→“pages”→“tabBar”→“component”→“component.vue”页面，如图 2-71 所示。

图 2-71　双击 component.vue 页面

在 component.vue 中添加如下代码，如图 2-72 所示。

```
        <view class="smart-panel-title">3. 表单组件</view>
        <view class="smart-panel-h" @click="goDetailPage('button')"><text>
button按钮</text></view>
        <view class="smart-panel-h" @click="goDetailPage('radio')"><text>
radio单选框</text></view>
        <view class="smart-panel-h" @click="goDetailPage('checkbox')"><text>
checkbox多选框</text></view>
        <view class="smart-panel-h" @click="goDetailPage('input')"><text>
input输入控件</text></view>
        <view class="smart-panel-h" @click="goDetailPage('picker')"><text>
picker选择列表</text></view>
        <view class="smart-panel-h" @click="goDetailPage('slider')"><text>
slider滑块</text></view>
        <view class="smart-panel-h" @click="goDetailPage('switch')"><text>
switch开关</text></view>
        <view class="smart-panel-h" @click="goDetailPage('textarea')"><text>
textarea多行文本输入框</text></view>
        <view class="smart-panel-h" @click="goDetailPage('form')"><text>
form表单</text></view>
```

```
<template>
    <view class="smart-container">
        <view class="smart-panel-title">1. 容器</view>
        <view class="smart-panel-h" @click="goDetailPage('view')"><text>view视图</text></view>
        <view class="smart-panel-h" @click="goDetailPage('scroll-view')"><text>scroll-view滚动视图</text></view>
        <view class="smart-panel-h" @click="goDetailPage('swiper')"><text>swiper可滑动视图</text></view>

        <view class="smart-panel-title">2. 基础内容</view>
        <view class="smart-panel-h" @click="goDetailPage('text')"><text>text文本编辑</text></view>
        <view class="smart-panel-h" @click="goDetailPage('rich-text')"><text>rich-text富文本编辑</text></view>
        <view class="smart-panel-h" @click="goDetailPage('progress')"><text>progress进度条</text></view>

        <view class="smart-panel-title">3. 表单组件</view>
        <view class="smart-panel-h" @click="goDetailPage('button')"><text>button按钮</text></view>
        <view class="smart-panel-h" @click="goDetailPage('radio')"><text>radio单选框</text></view>
        <view class="smart-panel-h" @click="goDetailPage('checkbox')"><text>checkbox多选框</text></view>
        <view class="smart-panel-h" @click="goDetailPage('input')"><text>input输入控件</text></view>
        <view class="smart-panel-h" @click="goDetailPage('picker')"><text>picker选择列表</text></view>
        <view class="smart-panel-h" @click="goDetailPage('slider')"><text>slider滑块</text></view>
        <view class="smart-panel-h" @click="goDetailPage('switch')"><text>switch开关</text></view>
        <view class="smart-panel-h" @click="goDetailPage('textarea')"><text>textarea多行文本输入框</text></view>
        <view class="smart-panel-h" @click="goDetailPage('form')"><text>form表单</text></view>

    </view>
</template>
```

图 2-72　新添加代码内容

预览效果如图 2-73 所示。

移动应用开发

progress进度条

3. 表单组件

button按钮

radio单选框

checkbox多选框

input输入控件

picker选择列表

slider滑块

switch开关

textarea多行文本输入框

form表单

组件　　API

图 2-73　预览效果

1. button 按钮

button 按钮组件的属性及其说明如表 2-8 所示。

表 2-8　button 按钮组件的属性及其说明

属 性 名	类　　型	默 认 值	说　　明
size	String	default	按钮的大小
type	String	default	按钮的样式类型
plain	Boolean	false	按钮是否镂空，背景色透明
disabled	Boolean	false	是否禁用
loading	Boolean	false	名称前是否带 loading 图标
form-type	String		用于 <form> 组件，点击分别会触发 <form> 组件的 submit/reset 事件
open-type	String		开放能力
hover-class	String	button-hover	指定按钮按下去的样式类。当 hover-class="none" 时，没有点击态效果
hover-start-time	Number	20	按住后多久出现点击态，单位毫秒
hover-stay-time	Number	70	手指松开后点击态保留时间，单位毫秒
app-parameter	String		打开 App 时，向 App 传递的参数，open-type=launchApp 时有效
hover-stop-propagation	boolean	false	指定是否阻止本节点的祖先节点出现点击态
lang	string	'en'	指定返回用户信息的语言，zh_CN 简体中文，en 英文
session-from	string		会话来源，open-type="contact" 时有效

续表

属性名	类型	默认值	说明
send-message-title	string	当前标题	会话内消息卡片标题，open-type="contact" 时有效
send-message-path	string	当前分享路径	会话内消息卡片点击跳转小程序路径，open-type="contact" 时有效
send-message-img	string	截图	会话内消息卡片图片，open-type="contact" 时有效
show-message-card	boolean	false	是否显示会话内消息卡片，设置此参数为 true，用户进入客服会话会在右下角显示“可能要发送的小程序”提示，用户点击后可以快速发送小程序消息，open-type="contact" 时有效
@getphonenumber	Handler		获取用户手机号回调
@getuserinfo	Handler		用户点击该按钮时，会返回获取到的用户信息，从返回参数的 detail 中获取到的值同 uni.getUserInfo
@error	Handler		当使用开放能力时，发生错误的回调
@opensetting	Handler		在打开授权设置页并关闭后回调
@launchapp	Handler		打开 APP 成功的回调

第一步：在“SmartUI”→“pages”→“components”目录下新建 button.vue 页面，如图 2-74 所示。

图 2-74　新建 button.vue 页面

```
<template>
    <view>
        <page-head title="button,按钮"></page-head>
        <view class="smart-padding-wrap">
            <button type="primary">页面主操作 normal</button>
            <button type="primary" :loading="true">页面主操作 loading</button>
            <button type="primary" disabled="false">页面主操作 disabled</button>

            <button type="default">页面次操作 normal</button>
            <button type="default" disabled="false">页面次操作 disabled</button>
            <button type="warn">页面警告操作 warn</button>
            <button type="default" disabled="false">页面警告操作 warn</button>

            <button type="primary" plain="true">镂空按钮 plain</button>
             <button type="primary" plain="true" disabled="false">镂空按钮
plain disabled</button>

            <button type="primary" size="mini" class="mini-btn">按钮</button>
            <button type="default" size="mini" class="mini-btn">按钮</button>
            <button type="warn" size="mini" class="mini-btn">按钮</button>
        </view>
    </view>
</template>

<script>
export default {
    data() {
        return {

        };
    },
    methods: {}
};
</script>

<style>
    button{
        margin-top: 30rpx;
        margin-bottom: 30rpx;
    }
    .mini-btn{
        margin-right: 30rpx;
    }
</style>
```

第二步：预览效果如图 2-75 所示。

图 2-75　预览效果

2. checkbox 复选框

checkbox-group 为多项选择器，内部由多个 checkbox 组成，checkbox 为复选框，其属性及说明如表 2-9 所示。

表 2-9　checkbox 复选框的属性及说明

属 性 名	类　型	默 认 值	说　明
value	String		<checkbox> 标识，选中时触发 <checkbox-group> 的 change 事件，并携带 <checkbox> 的 value
disabled	Boolean	false	是否禁用
checked	Boolean	false	当前是否选中，可用来设置默认选中
color	Color		checkbox 的颜色，同 css 的 color

第一步：在“pages”→“components”中新建 checkbox.vue 页面，如图 2-76 所示。

图 2-76　新建 checkbox.vue 页面

第二步：在 checkbox.vue 页面中添加如下代码。

```
<template>
    <view>
        <view class="smart-page-head">
            <view class="smart-page-head-title">checkbox,多选按钮</view>
        </view>
        <view class="smart-padding-wrap">
            <view class="item">
                <checkbox checked="true"></checkbox>
                选中
                <checkbox></checkbox>
                未选中
            </view>
            <view class="item">
                <checkbox checked="true" color="#F0AD4E" style="transform:
scale(0.7);"></checkbox>
                选中
                <checkbox color="#F0AD4E" style="transform: scale(0.7);">
</checkbox>
                未选中
            </view>
            <view class="item">
                推荐展示样式:
                <checkbox-group>
                    <label class="list">
                        <view>
                            <checkbox></checkbox>
                            中国
                        </view>
                    </label>
                    <label class="list">
                        <view>
                            <checkbox></checkbox>
                            美国
                        </view>
                    </label>
                    <label class="list">
                        <view>
                            <checkbox></checkbox>
                            日本
                        </view>
                    </label>
                </checkbox-group>
            </view>
        </view>
    </view>
</template>

<script>
export default {
```

```
    data() {
        return {};
    },
    methods: {}
};
</script>

<style>
.item {
    margin-bottom: 30rpx;
}
.list {
    justify-content: flex-start;
    padding: 22rpx 30rpx;
}
.list view {
    padding-bottom: 20rpx;
    border-bottom: 1px solid #d8d8d8;
}
</style>
```

第三步：预览效果如图 2-77 所示。

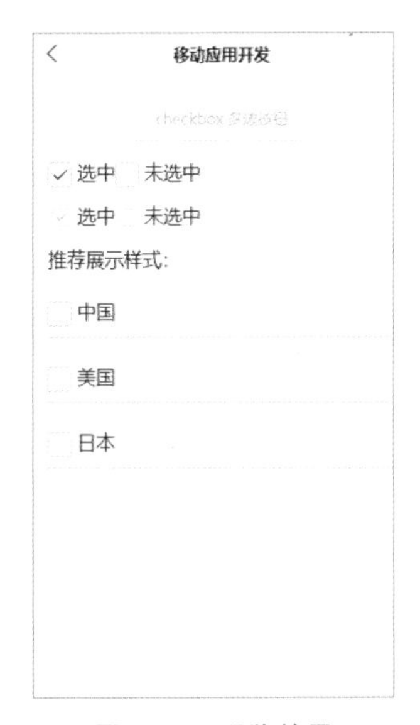

图 2-77　预览效果

注意：

checkbox 的默认颜色在不同平台不一样，微信小程序、360 小程序是绿色的，字节跳动小程序是红色的，其他平台是蓝色的。更改颜色使用 color 属性。

如需调节 checkbox 的大小，可通过 css 的 scale 方法调节，如缩小到 70%，则使用样式 style="transform:scale(0.7)" 实现。

3. input 输入框

input 输入框组件的属性及其说明如表 2-10 所示。

表 2-10 input 输入框组件的属性及其说明

属性名	类型	默认值	说明
value	String		输入框的初始内容
type	String	text	input 的类型
password	Boolean	false	是否是密码类型
placeholder	String		输入框为空时的占位符
placeholder-style	String		指定 placeholder 的样式
placeholder-class	String	"input-placeholder"	指定 placeholder 的样式类
disabled	Boolean	false	是否禁用
maxlength	Number	140	最大输入长度，设置为 –1 时不限制最大长度
cursor-spacing	Number	0	指定光标与键盘的距离，单位为 px 。取 input 距底部的距离和 cursor-spacing 指定的距离的最小值作为光标与键盘的距离
focus	Boolean	false	获取焦点
confirm-type	String	done	设置键盘右下角按钮的文字，仅在 type="text" 时生效
confirm-hold	Boolean	false	点击键盘右下角按钮时是否保持键盘不收起
cursor	Number		指定 focus 时的光标位置
selection-start	Number	–1	光标起始位置，自动聚集时有效，须与 selection-end 搭配使用
selection-end	Number	–1	光标结束位置，自动聚集时有效，须与 selection-start 搭配使用
adjust-position	Boolean	true	键盘弹起时，是否自动上推页面
hold-keyboard	boolean	false	focus 时，点击页面时不收起键盘
@input	EventHandle		当键盘输入时，触发 input 事件，event.detail = {value}
@focus	EventHandle		输入框聚焦时触发，event.detail = { value, height }，height 为键盘高度
@blur	EventHandle		输入框失去焦点时触发，event.detail = {value: value}
@confirm	EventHandle		点击完成按钮时触发，event.detail = {value: value}
@keyboardheightchange	eventhandle		键盘高度发生变化时触发此事件，event.detail = {height: height, duration: duration}

第一步：在“pages”→“components”中新建 input.vue 页面，如图 2-78 所示。

图 2-78　新建 input.vue 页面

第二步：在 input.vue 页面中添加如下代码。

```
<template>
    <view>
        <view class="smart-page-head">
            <view class="smart-page-head-title">input,输入框</view>
        </view>
        <view class="smart-padding-wrap">
            <view class="item">可自动获取焦点的</view>
            <view><input class="smart-input" focus="true" placeholder=
"自动获取焦点" /></view>
            <view>右下角显示搜索</view>
            <view><input class="smart-input" confirm-type="search" placeholder=
"右下角显示搜索" /></view>

            <view>控制最大输入长度</view>
            <view><input class="smart-input" maxlength="10" placeholder=
"控制最大输入长度为10" /></view>
            <view>
                同步获取输入值
                <text style="color: #007AFF;">{{ inputValue }}</text>
            </view>
            <view><input class="smart-input" @input="onKeyInput" placeholder="同
步获取输入值" /></view>
            <view>数字输入</view>
            <view><input class="smart-input" type="number" placeholder="这是一
个数字输入框" /></view>
            <view>密码输入</view>
            <view><input class="smart-input" type="text" password="true" placeholder="这
是一个密码输入框" /></view>
```

```
            <view>带小数点输入输入</view>
            <view><input class="smart-input" type="digit" placeholder="这
是一个带小数点输入框" /></view>
            <view>身份证输入</view>
            <view><input class="smart-input" type="idcard" placeholder=
"这是一个身份证输入框" /></view>
            <view>带清除按钮</view>
            <view class="wrapper">
                <input class="smart-input" :value="clearinputValue"
@input="clearInput" placeholder="这是一个带清除按钮输入框" />
                <text v-if="showClearIcon" @click="clearIcon" class=
"uni-icon">&#xe434;</text>
            </view>
            <view>可查看密码的输入框</view>
            <view class="wrapper">
                <input class="smart-input" placeholder="请输入密码"
:password="showPassword" />
                <text class="uni-icon" :class="[!showPassword ? 'eye-active' : '']"
@click="changePassword">&#xe568;</text>
            </view>
        </view>
    </view>
</template>

<script>
export default {
    data() {
        return {
            inputValue: '',
            showPassword: true,
            clearinputValue: '',
            showClearIcon: false
        };
    },
    methods: {
        onKeyInput: function(event) {
            this.inputValue = event.detail.value;
        },
        clearInput: function(event) {
            this.clearinputValue = event.detail.value;
            if (event.detail.value.length > 0) this.showClearIcon = true;
            else this.showClearIcon = false;
        },
        clearIcon: function(event) {
            this.clearinputValue = '';
            this.showClearIcon = false;
        },
        changePassword: function() {
            this.showPassword = !this.showPassword;
        }
    }
};
</script>

<style>
.item {
    margin-bottom: 40rpx;
}
```

```
.uni-icon {
    font-family: uniicons;
    font-size: 24px;
    font-weight: normal;
    font-style: normal;
    width: 24px;
    height: 24px;
    line-height: 24px;
    color: #999999;
    margin-top: 5px;
}
.wrapper {
    /* #ifdef  */
    display: flex;
    /* #endif */
    flex-direction: row;
    flex-wrap: nowrap;
    background-color: #d8d8d8;
}
.eye-active {
    color: #007aff;
}

</style>
```

第三步：打开 smart.css 文件，添加如下代码。

```
/*输入框*/
.smart-input{
    height: 28px;
    line-height: 28px;
    font-size: 15px;
    flex:1;
    background-color: #D8D8D8;
    padding: 3px;
}
```

第四步：预览效果如图 2-79 所示。

图 2-79 预览效果

input 组件中 type 属性的值及说明如表 2-11 所示。

表 2-11 input 组件中 type 属性的值及说明

值	说明
text	文本输入键盘
number	数字输入键盘
idcard	身份证输入键盘
digit	带小数点的数字键盘

input 组件中 confirm-type 属性的值及说明如表 2-12 所示。

表 2-12 input 组件中 confirm-type 属性的值及其说明

值	说明
send	右下角按钮为“发送”
search	右下角按钮为“搜索”
next	右下角按钮为“下一个”
go	右下角按钮为“前往”
done	右下角按钮为“完成”

注意:

- 原 HTML 规范中 input 不仅是输入框，还有 radio、checkbox、时间、日期、文件选择功能。在 uni-app 和小程序规范中，input 仅仅是输入框。其他功能 uni-app 有单独的组件或 API: radio 组件、checkbox 组件、时间选择、日期选择、图片选择、视频选择、多媒体文件选择 (含图片视频)、通用文件选择。
- 小程序平台，number 类型只支持输入整型数字。微信开发者工具上体现不出效果，请使用真机预览。
- 如果需要在小程序平台中输入浮点型数字，可使用 digit 类型。
- 小程序端 input 在置焦时，会表现为原生控件，此时层级会变高。如需前端组件遮盖 input，需让 input 失焦，或使用 cover-view 等覆盖原生控件的方案。具体来讲，阿里小程序的 input 为 text 且置焦为原生控件；微信、头条、QQ 所有 input 置焦均为原生控件；百度小程序置焦时仍然是非原生的。也可以参考原生控件文档。
- input 组件若不想弹出软键盘，可设置为 disable。

4. picker 底部滚动选择器

从底部弹起的滚动选择器支持五种类型，通过 mode 进行区分，分别是普通选择器、多列选择器、时间选择器、日期选择器、省市区选择器，默认是普通选择器。picker 的属性及其说明如表 2-13 所示。

表 2-13　picker 的属性及其说明

属性名	类　型	默认值	说　明
range	Array / Array < Object >	[]	mode 为 selector 或 multiSelector 时，range 有效
range-key	String		当 range 是一个 Array < Object > 时，通过 range-key 指定 Object 中 key 的值作为选择器显示内容
value	Number	0	value 的值表示选择了 range 中的第几个（下标从 0 开始）
@change	EventHandle		value 改变时触发 change 事件，event.detail = {value: value}
disabled	Boolean	false	是否禁用
@cancel	EventHandle		取消选择或点击遮罩层收起 picker 时触发

第一步：在“pages”→“components”中新建 picker.vue 页面，如图 2-80 所示。

图 2-80　新建 picker.vue 页面

第二步：在 picker.vue 页面中添加如下代码。

```
<template>
    <view>
        <view class="smart-page-head">
            <view class="smart-page-head-title">picker,选择列表</view>
        </view>
        <view class="smart-padding-wrap">
                <view class="uni-title">普通选择器</view>
                <view class="uni-list">
                    <view class="uni-list-cell">
                        <view class="uni-list-cell-left">当前选择</view>
                        <view class="uni-list-cell-db">
```

```
                        <picker @change="bindPickerChange" :range="array"
:value="index" range-key="name">
                            <view class="uni-input">{{ array[index].
name }}</view>
                        </picker>
                    </view>
                </view>
            </view>

            <view class="uni-title uni-common-pl">日期选择器</view>
            <view class="uni-list">
                <view class="uni-list-cell">
                    <view class="uni-list-cell-left">当前选择</view>
                    <view class="uni-list-cell-db">
                        <picker mode="date" :value="date" :start="startDate"
:end="endDate" @change="bindDateChange">
                            <view class="uni-input">{{ date }}</view>
                        </picker>
                    </view>
                </view>
            </view>

            <view class="uni-title uni-common-pl">时间选择器</view>
            <view class="uni-list">
                <view class="uni-list-cell">
                    <view class="uni-list-cell-left">当前选择</view>
                    <view class="uni-list-cell-db">
                        <picker mode="time" :value="time" start="09:01"
end="21:01" @change="bindTimeChange">
                            <view class="uni-input">{{ time }}</view>
                        </picker>
                    </view>
                </view>
            </view>
        </view>
    </view>
</template>

<script>
function getDate(type) {
    const date = new Date();

    let year = date.getFullYear();
    let month = date.getMonth() + 1;
    let day = date.getDate();

    if (type === 'start') {
        year = year - 60;
    } else if (type === 'end') {
        year = year + 2;
    }
    month = month > 9 ? month : '0' + month;
    day = day > 9 ? day : '0' + day;

    return `${year}-${month}-${day}`;
}
export default {
```

```
        data() {
            return {
                array: [{ name: '中国' }, { name: '美国' }, { name: '日本' },
{ name: '巴西' }],
                index: 0,
                date: getDate({
                    format: true
                }),
                startDate: getDate('start'),
                endDate: getDate('end'),
                time: '12:01'
            };
        },
        methods: {
            bindPickerChange: function(e) {
                this.index = e.detail.value;
            },
            bindDateChange: function(e) {
                this.date = e.detail.value;
            },
            bindTimeChange: function(e) {
                this.time = e.detail.value;
            }
        }
    };
    </script>

    <style>
    .uni-title {
        font-size: 30rpx;
        font-weight: 500;
        padding: 20rpx 0;
        line-height: 1.5;
    }
    .uni-list {
        background-color: #ffffff;
        position: relative;
        width: 100%;
        display: flex;
        flex-direction: column;
    }
    .uni-list-cell {
        position: relative;
        display: flex;
        flex-direction: row;
        justify-content: space-between;
        align-items: center;
        border-top: 1px solid #bebebe;
        border-bottom: 1px solid #bebebe;
    }
    .uni-list-cell-db,
    .uni-list-cell-right {
        flex: 1;
    }
    .uni-list-cell-left {
        white-space: nowrap;
        font-size: 28rpx;
        padding: 0 30rpx;
```

```
}
.uni-input {
    height: 50rpx;
    padding: 15rpx 25rpx;
    line-height: 50rpx;
    font-size: 28rpx;
    background: #fff;
    flex: 1;
}
</style>
```

第三步：预览效果如图 2-81 所示。

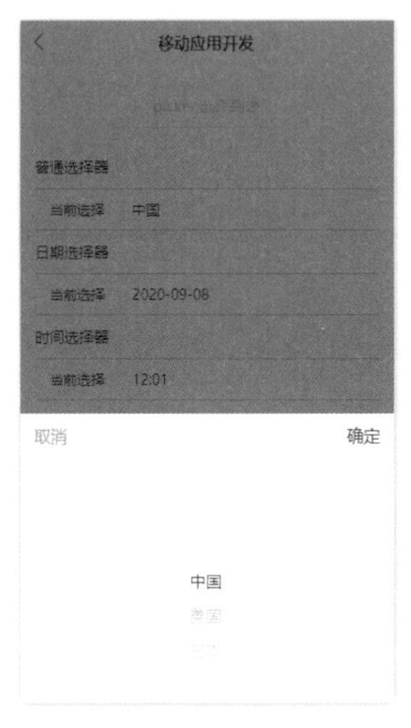

图 2-81　预览效果

5. slider 滑动选择器

slider 滑动选择器的属性及其说明如表 2-14 所示。

表 2-14　slider 滑动选择器的属性及其说明

属性名	类　型	默认值	说　明
min	Number	0	最小值
max	Number	100	最大值
step	Number	1	步长，取值必须大于 0，并且可被 (max – min) 整除
disabled	Boolean	false	是否禁用
value	Number	0	当前取值
activeColor	Color	各个平台不同，详见下	滑块左侧已选择部分的线条颜色
backgroundColor	Color	#e9e9e9	滑块右侧背景条的颜色
block-size	Number	28	滑块的大小，取值范围为 12 ～ 28
block-color	Color	#ffffff	滑块的颜色

续表

属性名	类　型	默认值	说　明
show-value	Boolean	false	是否显示当前 value
@change	EventHandle		完成一次拖动后触发的事件，event.detail = {value: value}
@changing	EventHandle		拖动过程中触发的事件，event.detail = {value: value}

第一步：在“pages”→“components”中新建 slider.vue 页面，如图 2-82 所示。

图 2-82　新建 slider.vue 页面

第二步：在 slider.vue 页面中添加如下代码。

```
<template>
    <view>
        <view class="smart-page-head">
            <view class="smart-page-head-title">slider,滑块</view>
        </view>

        <view class="smart-padding-wrap">
            <view class="uni-title">显示当前value</view>
            <view>
                <slider value="50" @change="sliderChange" show-value />
            </view>
            <view class="uni-title">设置步进step跳动</view>
            <view>
```

```
                <slider value="60" @change="sliderChange" step="5" />
            </view>
            <view class="uni-title">设置最小/最大值</view>
            <view>
                    <slider value="100" @change="sliderChange" min="50"
max="200" show-value />
            </view>
            <view class="uni-title">不同颜色和大小的滑块</view>
            <view>
                <slider value="50" @change="sliderChange" activeColor="#FFCC33"
backgroundColor="#000000" block-color="#8A6DE9" block-size="20" />
            </view>
        </view>
    </view>
</template>

<script>
export default {
    data() {
        return {};
    },
    methods: {
        sliderChange(e) {
            console.log('value 发生变化: ' + e.detail.value)
        }
    }
};
</script>

<style></style>
```

第三步：预览效果如图 2-83 所示。

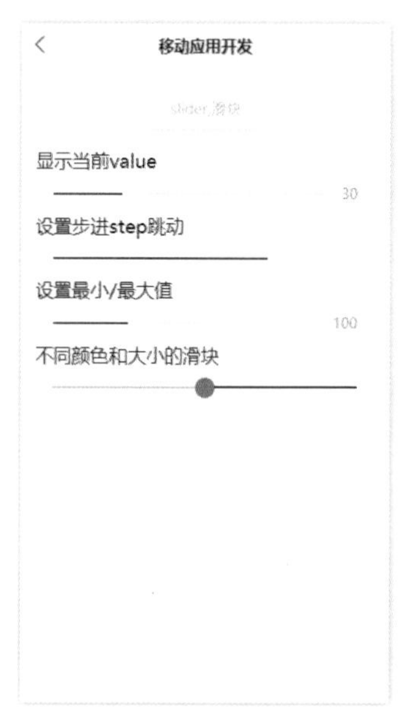

图 2-83　预览效果

6. switch 开关选择器

switch 开关选择器的属性及其说明如表 2-15 所示。

表 2-15　switch 开关选择器的属性及其说明

属性名	类　型	默认值	说　明
checked	Boolean	false	是否选中
disabled	Boolean	false	是否禁用
type	String	switch	样式，有效值：switch、checkbox
@change	EventHandle		checked 改变时触发 change 事件，event.detail={ value:checked}
color	Color		switch 的颜色，同 css 的 color

第一步：在“pages”→“components”中新建 switch.vue 页面，如图 2-84 所示。

图 2-84　新建 switch.vue 页面

第二步：在 switch.vue 页面中添加如下代码。

```
<template>
    <view>
        <view class="smart-page-head">
            <view class="smart-page-head-title">switch,开关</view>
        </view>
        <view class="smart-padding-wrap">
            <view class="uni-title">默认样式</view>
            <view>
                <switch checked @change="switch1Change" />
                <switch @change="switch2Change" />
            </view>
            <view class="uni-title">不同颜色和尺寸的switch</view>
```

```
                <view>
                    <switch checked color="#FFCC33" style="transform:scale(0.7)"/>
                    <switch color="#FFCC33" style="transform:scale(0.7)"/>
                </view>
            </view>
        </view>
</template>
<script>
export default {
    data() {
        return {};
    },
    methods: {
        switch1Change: function (e) {
            console.log('switch1 发生 change 事件，携带值为', e.detail.value)
        },
        switch2Change: function (e) {
            console.log('switch2 发生 change 事件，携带值为', e.detail.value)
        }
    }
};
</script>

<style></style>
```

第三步：预览效果如图 2-85 所示。

图 2-85　预览效果

注意：

- switch 的默认颜色在不同平台不一样，微信小程序是绿色的，字节跳动小程序是红色的，其他平台是蓝色的。更改颜色使用 color 属性。
- 如需调节 switch 的大小，可通过 css 的 scale 方法调节，如缩小到 70% 可以通过设置样式 style="transform:scale(0.7)" 实现。

7. textarea 多行输入框

textarea 多行输入框的属性及其说明如表 2-16 所示。

表 2-16　textarea 多行输入框的属性及其说明

属性名	类　型	默认值	说　明
value	String		输入框的内容
placeholder	String		输入框为空时的占位符
placeholder-style	String		指定 placeholder 的样式
placeholder-class	String	textarea-placeholder	指定 placeholder 的样式类
disabled	Boolean	false	是否禁用
maxlength	Number	140	最大输入长度，设置为 –1 时不限制最大长度
focus	Boolean	false	获取焦点
auto-height	Boolean	false	是否自动增高，设置为 auto-height 时，style.height 不生效
fixed	Boolean	false	如果 textarea 在一个 position:fixed 的区域，需要显示指定属性 fixed 为 true
cursor-spacing	Number	0	指定光标与键盘的距离，单位为 px 。取 textarea 距底部的距离和 cursor-spacing 指定的距离的最小值作为光标与键盘的距离
cursor	Number		指定 focus 时的光标位置
show-confirm-bar	Boolean	true	是否显示键盘上方带有“完成”按钮那一栏
selection-start	Number	–1	光标起始位置，自动聚焦时有效，须与 selection-end 搭配使用
selection-end	Number	–1	光标结束位置，自动聚焦时有效，须与 selection-start 搭配使用
adjust-position	Boolean	true	键盘弹起时，是否自动上推页面
disable-default-padding	boolean	false	是否去掉 iOS 下的默认内边距
hold-keyboard	boolean	false	focus 时，点击页面时不收起键盘
@focus	EventHandle		输入框聚焦时触发，event.detail = { value, height }，height 为键盘高度
@blur	EventHandle		输入框失去焦点时触发，event.detail = {value, cursor}
@linechange	EventHandle		输入框行数变化时调用，event.detail = {height: 0, heightRpx: 0, lineCount: 0}
@input	EventHandle		当键盘输入时，触发 input 事件，event.detail = {value, cursor}，@input 处理函数的返回值并不会反映到 textarea 上
@confirm	EventHandle		点击“完成”按键时触发 confirm 事件，event.detail = {value: value}
@keyboardheightchange	eventhandle		键盘高度发生变化时触发此事件，event.detail = {height: height, duration: duration}

第一步：在“pages”→“components”中新建 textarea.vue 页面。

图 2-86　新建 textarea. vue 页面

第二步：在 textarea. vue 页面中添加如下代码。

```
<template>
    <view>
        <view class="smart-page-head">
            <view class="smart-page-head-title">textarea,多行文本</view>
        </view>
        <view class="smart-padding-wrap">
            <view>输入区域高度自适应，不会出现滚动条</view>
            <textarea class="text-area"  auto-height />
            <view>占位符字体是红色的</view>
             <textarea  class="text-area" placeholder-style="color:#F76260"
placeholder="占位符字体是红色的"/>
        </view>
    </view>
</template>

<script>
    export default {
        data() {
            return {
            }
```

```
        },
        methods: {
        }
    }
</script>

<style>
.text-area{
    border: 1px solid #D8D8D8;
    width: 100%;
    line-height: 60rpx;
}
</style>
```

第三步：预览效果如图 2-87 所示。

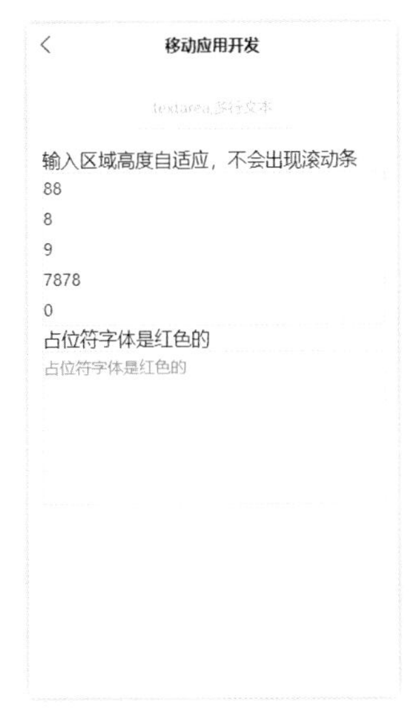

图 2-87　预览效果

8. form 表单

form 表单将组件内用户输入的 <switch> <input> <checkbox> <slider> <radio> <picker> 提交。当点击 <form> 表单中 formType 为 submit 的 <button> 组件时，会将表单组件中的 value 值进行提交，需要在表单组件中加上 name 作为 key。form 表单的属性及其说明如表 2-17 所示。

表 2-17　form 表单的属性及其说明

属 性 名	类　型	说　明
report-submit	Boolean	是否返回 formId 用于发送模板消息
report-submit-timeout	number	等待一段时间（毫秒数）以确认 formId 是否生效。如果未指定该参数，formId 有很小的概率是无效的（如遇到网络失败的情况）。指定这个参数将可以检测 formId 是否有效，以该参数的时间作为这项检测的超时时间。如果失败，将返回 requestFormId:fail 开头的 formId
@submit	EventHandle	携带 form 中的数据触发 submit 事件，event.detail = {value : {'name': 'value'} , formId: ''}，report-submit 为 true 时才会返回 formId
@reset	EventHandle	表单重置时会触发 reset 事件

第一步：在“pages”→“components”中新建 form.vue 页面，如图 2-88 所示。

图 2-88　新建 form.vue 页面

第二步：在 form.vue 页面中添加如下代码。

```
<template>
    <view class="container">
        <form @submit="formSubmit" @reset="formReset">
            <view class="item uni-column">
                <view class="title">switch</view>
                <view>
                    <switch name="switch" />
                </view>
            </view>
            <view class="item uni-column">
                <view class="title">radio</view>
                <radio-group name="radio">
                    <label>
                        <radio value="radio1" /><text>选项一</text>
                    </label>
                    <label>
                        <radio value="radio2" /><text>选项二</text>
                    </label>
                </radio-group>
            </view>
            <view class="item uni-column">
                <view class="title">checkbox</view>
                <checkbox-group name="checkbox">
                    <label>
                        <checkbox value="checkbox1" /><text>选项一</text>
                    </label>
```

```
                    <label>
                        <checkbox value="checkbox2" /><text>选项二</text>
                    </label>
                </checkbox-group>
            </view>
            <view class="item uni-column">
                <view class="title">slider</view>
                <slider value="50" name="slider" show-value></slider>
            </view>
            <view class="item uni-column">
                <view class="title">input</view>
                <input class="uni-input" name="input" placeholder="这是一个输入
框" />
            </view>
            <view >
                <button form-type="submit">Submit</button>
                <button type="default" form-type="reset">Reset</button>
            </view>
        </form>
    </view>
</template>

<script>
    export default {
        data() {
            return {
            }
        },
        methods: {
            formSubmit: function(e) {
                     console.log('form发生了submit事件，携带数据为：' + JSON.
stringify(e.detail.value))
                var formdata = e.detail.value
                uni.showModal({
                    content: '表单数据内容：' + JSON.stringify(formdata),
                    showCancel: false
                });
            },
            formReset: function(e) {
                console.log('清空数据')
            }
        }
    }
</script>

<style>
    switch {
        transform: scale(0.7);
    }
    radio
    {transform: scale(0.7);}
    checkbox
    {transform: scale(0.7);}
    button{

    }
    .container{
        padding: 40upx;
```

```
    }
    .item .title {
        padding: 20rpx 0;
    }
</style>
```

第三步：预览效果如图 2-89 所示。

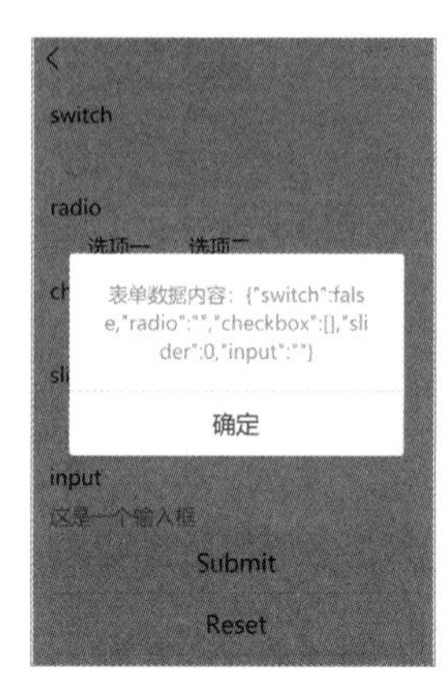

图 2-89 预览效果

2.2.4 导航组件

第一步：打开“pages”→“tabBar”→“component”→“component.vue”文件。

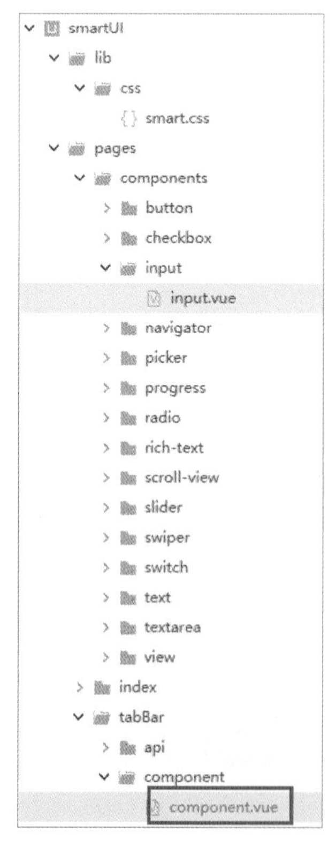

图 2-90 打开 component.vue 文件

在 component.vue 页面中新增功能菜单代码，如图 2-91 所示。

```
<template>
    <view class="smart-container">
        <view class="smart-panel-title">1. 容器</view>
        <view class="smart-panel-h" @click="goDetailPage('view')"><text>view视图</text></view>
        <view class="smart-panel-h" @click="goDetailPage('scroll-view')"><text>scroll-view滚动视图</text></view>
        <view class="smart-panel-h" @click="goDetailPage('swiper')"><text>swiper可滑动视图</text></view>

        <view class="smart-panel-title">2. 基础内容</view>
        <view class="smart-panel-h" @click="goDetailPage('text')"><text>text文本编辑</text></view>
        <view class="smart-panel-h" @click="goDetailPage('rich-text')"><text>rich-text富文本编辑</text></view>
        <view class="smart-panel-h" @click="goDetailPage('progress')"><text>progress进度条</text></view>

        <view class="smart-panel-title">3. 表单组件</view>
        <view class="smart-panel-h" @click="goDetailPage('button')"><text>button按钮</text></view>
        <view class="smart-panel-h" @click="goDetailPage('radio')"><text>radio单选框</text></view>
        <view class="smart-panel-h" @click="goDetailPage('checkbox')"><text>checkbox多选框</text></view>
        <view class="smart-panel-h" @click="goDetailPage('input')"><text>input输入控件</text></view>
        <view class="smart-panel-h" @click="goDetailPage('picker')"><text>picker选择列表</text></view>
        <view class="smart-panel-h" @click="goDetailPage('slider')"><text>slider滑块</text></view>
        <view class="smart-panel-h" @click="goDetailPage('switch')"><text>switch开关</text></view>
        <view class="smart-panel-h" @click="goDetailPage('textarea')"><text>textarea多行文本输入框</text></view>
        <view class="smart-panel-h" @click="goDetailPage('form')"><text>form表单</text></view>
        <view class="smart-panel-title">4. 导航</view>
        <view class="smart-panel-h" @click="goDetailPage('navigator')"><text>navigator导航</text></view>
    </view>
</template>
```

图 2-91　新增功能菜单

预览效果如图 2-92 所示。

图 2-92　预览效果

navigator 页面跳转组件类似 HTML 中的 <a> 组件，但只能跳转本地页面。目标页面必须在 pages.json 中注册。navigator 页面跳转组件的属性及其说明如表 2-18 所示。

表 2-18　navigator 页面跳转组件的属性及其说明

属 性 名	类　型	默 认 值	说　明
url	String		应用内的跳转链接，值为相对路径或绝对路径，如："../first/first"、"/pages/first/first"，注意不能加 .vue 扩展名
open-type	String	navigate	跳转方式
delta	Number		当 open-type 为 'navigateBack' 时有效，表示回退的层数

续表

属性名	类　型	默认值	说　明
animation-type	String	pop-in/out	当 open-type 为 navigate、navigateBack 时有效，窗口的显示 / 关闭动画效果
animation-duration	Number	300	当 open-type 为 navigate、navigateBack 时有效，窗口显示 / 关闭动画的持续时间
hover-class	String	navigator-hover	指定点击时的样式类，当 hover-class="none" 时，没有点击态效果
hover-stop-propagation	Boolean	false	指定是否阻止本节点的祖先节点出现点击态
hover-start-time	Number	50	按住后多久出现点击态，单位为毫秒
hover-stay-time	Number	600	手指松开后点击态保留的时间，单位为毫秒
target	String	self	在哪个小程序目标上发生跳转，默认当前小程序，值域 self/miniProgram

第一步：在“pages”→“components”中新建 navigator.vue 页面，如图 2-93 所示。

图 2-93　新建 navigator.vue 页面

第二步：在 navigator.vue 页面中添加如下代码。

```
<template>
    <view>
        <view class="smart-page-head">
            <view class="smart-page-head-title">navigator,链接</view>
        </view>
        <view class="smart-padding-wrap">
```

```
                <navigator url="newpage/newpage" hover-class="navigator-hover">
                    <button type="default">跳转到新页面</button>
                </navigator>
                <navigator url="newpage/newpage?title=redirect" open-type="redirect"
hover-class="other-navigator-hover">
                    <button type="default">在当前页打开</button>
                </navigator>
                 <navigator url="/pages/tabBar/api/api" open-type="switchTab"
hover-class="other-navigator-hover">
                    <button type="default">跳转tab页面</button>
                </navigator>
            </view>
        </view>
    </template>

    <script>
        export default {
            data() {
                return {
                    title:'navigator'
                }
            },
            methods: {

            }
        }
    </script>
    <style>
    </style>
```

第三步：创建一个新的页面，命名为 newpage.vue, 如图 2-94 所示。

图 2-94　新建 newpage.vue 页面

在 newpage.vue 页面中随意添加若干文字。

```
<template>
    <view>
        新页面....
    </view>
</template>

<script>
    export default {
        data() {
            return {

            }
        },
        methods: {

        }
    }
</script>

<style>

</style>
```

第四步：预览效果如图 2-95 所示。

图 2-95　预览效果

注意：

跳转 tabbar 页面，必须设置 open-type="switchTab"。

2.2.5　媒体组件

打开“pages”→“tabBar”→“component”→“component.vue”页面，如图 2-96 所示。

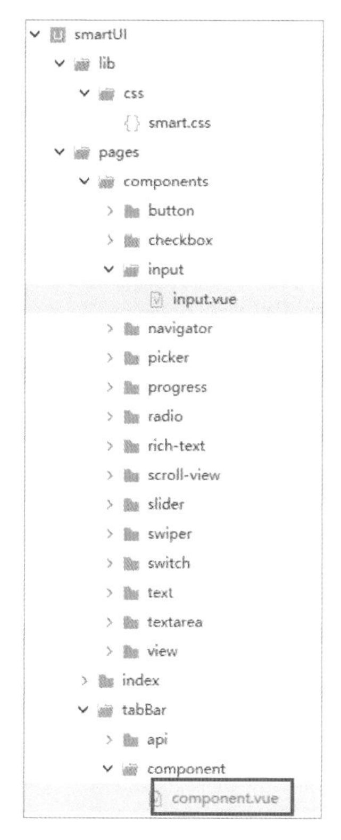

图 2-96　双击 component.vue 页面

在 component.vue 页面新增功能菜单代码，如图 2-97 所示。

```
<template>
    <view class="smart-container">
        <view class="smart-panel-title">1. 容器</view>
        <view class="smart-panel-h" @click="goDetailPage('view')"><text>view视图</text></view>
        <view class="smart-panel-h" @click="goDetailPage('scroll-view')"><text>scroll-view滚动视图</text></view>
        <view class="smart-panel-h" @click="goDetailPage('swiper')"><text>swiper可滑动视图</text></view>

        <view class="smart-panel-title">2. 基础内容</view>
        <view class="smart-panel-h" @click="goDetailPage('text')"><text>text文本编辑</text></view>
        <view class="smart-panel-h" @click="goDetailPage('rich-text')"><text>rich-text富文本编辑</text></view>
        <view class="smart-panel-h" @click="goDetailPage('progress')"><text>progress进度条</text></view>

        <view class="smart-panel-title">3. 表单组件</view>
        <view class="smart-panel-h" @click="goDetailPage('button')"><text>button按钮</text></view>
        <view class="smart-panel-h" @click="goDetailPage('radio')"><text>radio单选框</text></view>
        <view class="smart-panel-h" @click="goDetailPage('checkbox')"><text>checkbox多选框</text></view>
        <view class="smart-panel-h" @click="goDetailPage('input')"><text>input输入控件</text></view>
        <view class="smart-panel-h" @click="goDetailPage('picker')"><text>picker选择列表</text></view>
        <view class="smart-panel-h" @click="goDetailPage('slider')"><text>slider滑块</text></view>
        <view class="smart-panel-h" @click="goDetailPage('switch')"><text>switch开关</text></view>
        <view class="smart-panel-h" @click="goDetailPage('textarea')"><text>textarea多行文本输入框</text></view>
        <view class="smart-panel-h" @click="goDetailPage('form')"><text>form表单</text></view>
        <view class="smart-panel-title">4. 导航</view>
        <view class="smart-panel-h" @click="goDetailPage('navigator')"><text>navigator导航</text></view>
        <view class="smart-panel-title">5. 媒体组件</view>
        <view class="smart-panel-h" @click="goDetailPage('image')"><text>image</text></view>
        <view class="smart-panel-h" @click="goDetailPage('video')"><text>video</text></view>
        <view class="smart-panel-h" @click="goDetailPage('audio')"><text>audio</text></view>
    </view>
</template>
```

图 2-97　添加功能菜单项

预览效果如图 2-98 所示。

图 2-98　预览效果

1. image 图片组件

image 图片组件的属性及其说明如表 2-19 所示。

表 2-19　image 图片组件的属性及其说明

属性名	类　型	默认值	说　明
src	String		图片资源地址
mode	String	'scaleToFill'	图片裁剪、缩放的模式
lazy-load	Boolean	false	图片懒加载。只针对 page 与 scroll-view 下的 image 有效
fade-show	Boolean	true	图片显示动画效果
webp	boolean	false	默认不解析 webP 格式，只支持网络资源
show-menu-by-longpress	boolean	false	开启长按图片显示识别小程序菜单
@error	HandleEvent		当错误发生时，发布到 AppService 的事件名，事件对象 event.detail = {errMsg: 'something wrong'}
@load	HandleEvent		当图片载入完毕时，发布到 AppService 的事件名，事件对象 event.detail = {height:' 图片高度 px', width:' 图片宽度 px'}

第一步：在“pages”→“components”中新建 image 页面，如图 2-99 所示。

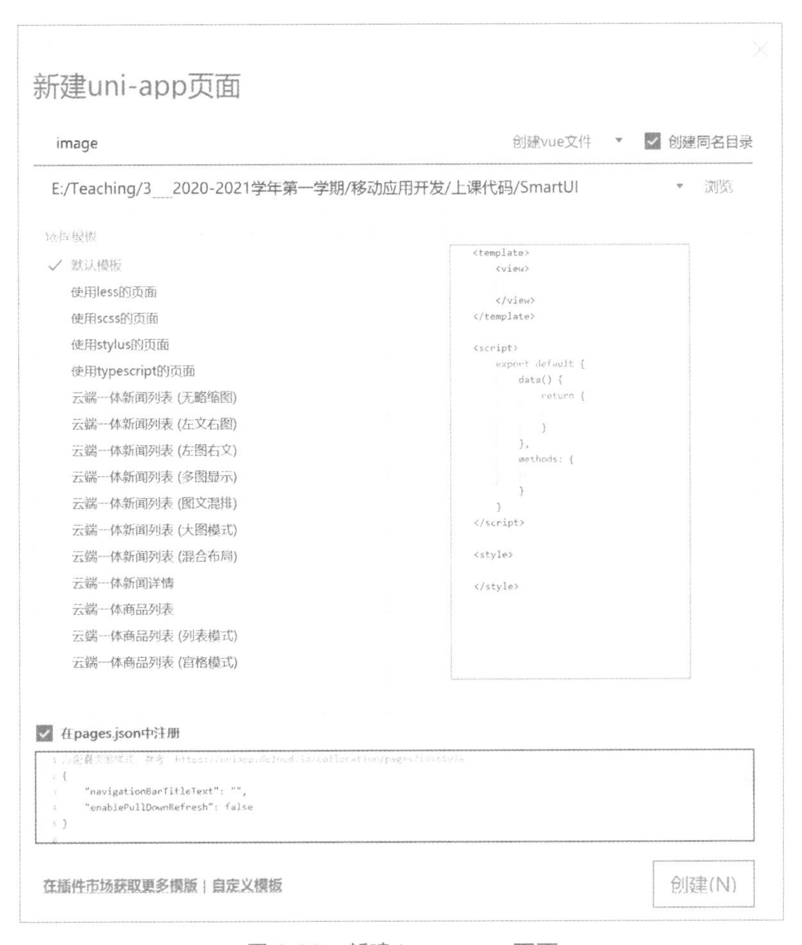

图 2-99　新建 image.vue 页面

第二步：在 image.vue 页面中添加如下代码。

```
<template>
    <view>
        <view class="smart-page-head">
            <view class="smart-page-head-title">image,图片</view>
        </view>
        <view class="smart-padding-wrap">
            <view>
                示例1
                <text>\n本地图片</text>
            </view>
         <view class="smart-center" style="background:#FFFFFF; font-size:0;"><image
class="image" mode="widthFix" src="../../../static/logo.png" /></view>
            <view class="uni-title uni-common-mt">
                示例2
                <text>\n网络图片</text>
            </view>
            <view class="smart-center" style="background:#FFFFFF; font-size:0;">
                    <image class="image" mode="widthFix" src="https://img-
cdn-qiniu.dcloud.net.cn/uniapp/images/uni@2x.png" />
            </view>
        </view>
    </view>
```

```
</template>

<script>
export default {
    data() {
        return {};
    },
    methods: {}
};
</script>

<style>
.smart-center {
   text-align: center;
}
.image {
    margin: 40rpx 0;
    width: 200rpx;
}
</style>
```

第三步：预览效果如图 2-100 所示。

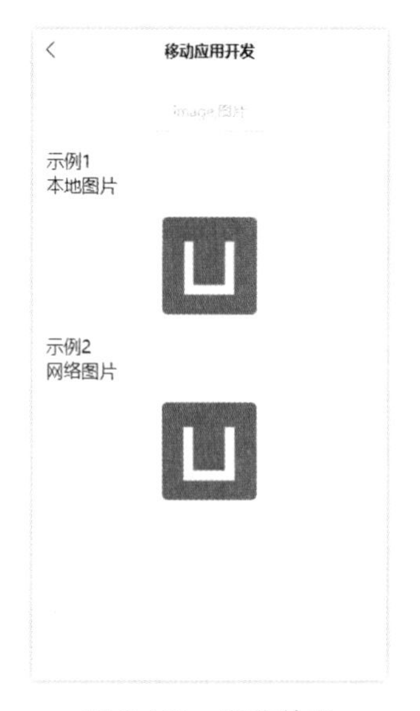

图 2-100　预览效果

2. video 视频播放组件

video 视频播放组件的属性及其说明如表 2-20 所示。

表 2-20　video 视频播放组件的属性及其说明

属性名	类　型	默认值	说　明
src	String		要播放视频的资源地址
autoplay	Boolean	false	是否自动播放
loop	Boolean	false	是否循环播放
muted	Boolean	false	是否静音播放

续表

属性名	类　型	默认值	说　明
initial-time	Number		指定视频初始播放位置，单位为秒（s）
duration	Number		指定视频时长，单位为秒（s）
controls	Boolean	true	是否显示默认播放控件（播放 / 暂停按钮、播放进度、时间）
danmu-list	Object Array		弹幕列表
danmu-btn	Boolean	false	是否显示弹幕按钮，只在初始化时有效，不能动态变更
enable-danmu	Boolean	false	是否展示弹幕，只在初始化时有效，不能动态变更
page-gesture	Boolean	false	在非全屏模式下，是否开启亮度与音量调节手势
direction	Number		设置全屏时视频的方向，不指定则根据宽高比自动判断。有效值为 0（正常竖向），90（屏幕逆时针 90°），-90（屏幕顺时针 90°）
show-progress	Boolean	true	若不设置，宽度大于 240 时才会显示
show-fullscreen-btn	Boolean	true	是否显示全屏按钮
show-play-btn	Boolean	true	是否显示视频底部控制栏的“播放”按钮
show-center-play-btn	Boolean	true	是否显示视频中间的“播放”按钮
enable-progress-gesture	Boolean	true	是否开启控制进度的手势
object-fit	String	contain	当视频大小与 video 容器大小不一致时，视频的表现形式。contain：包含；fill：填充；cover：覆盖
poster	String		视频封面的图片网络资源地址，如果 controls 属性值为 false 则设置 poster 无效
show-mute-btn	Boolean	false	是否显示“静音”按钮
title	String		视频的标题，全屏时在顶部展示
play-btn-position	String	bottom	“播放”按钮的位置
enable-play-gesture	Boolean	false	是否开启播放手势，即双击切换播放 / 暂停
auto-pause-if-navigate	Boolean	true	当跳转到其他小程序页面时，是否自动暂停本页面的视频
auto-pause-if-open-native	Boolean	true	当跳转到其他微信原生页面时，是否自动暂停本页面的视频
vslide-gesture	Boolean	false	在非全屏模式下，是否开启亮度与音量调节手势（同 page-gesture）
vslide-gesture-in-fullscreen	Boolean	true	在全屏模式下，是否开启亮度与音量调节手势
ad-unit-id	String		视频前贴广告单元 ID，更多详情可参考开放能力视频前贴广告
poster-for-crawler	String		用于给搜索等场景作为视频封面展示，建议使用无播放 icon 的视频封面图，只支持网络地址
@play	EventHandle		当开始 / 继续播放时触发 play 事件
@pause	EventHandle		当暂停播放时触发 pause 事件
@ended	EventHandle		当播放到末尾时触发 ended 事件

续表

属性名	类　型	默认值	说　明
@timeupdate	EventHandle		播放进度变化时触发，event.detail = {currentTime, duration} 。触发频率 250 ms 一次
@fullscreenchange	EventHandle		当视频进入和退出全屏时触发，event.detail = {fullScreen, direction}，direction 取 vertical 或 horizontal
@waiting	EventHandle		视频出现缓冲时触发
@error	EventHandle		视频播放出错时触发
@progress	EventHandle		加载进度变化时触发，只支持一段加载。event.detail = {buffered}，百分比
@loadedmetadata	EventHandle		视频元数据加载完成时触发。event.detail = {width, height, duration}
@fullscreenclick	EventHandle		视频全屏播放时点击事件。event.detail = { screenX:"Number 类型，点击点相对于屏幕左侧边缘的 X 轴坐标 ", screenY:"Number 类型，点击点相对于屏幕顶部边缘的 Y 轴坐标 ", screenWidth:"Number 类型，屏幕总宽度 ", screenHeight:"Number 类型，屏幕总高度 "}
@controlstoggle	eventhandle		切换 controls 显示隐藏时触发。event.detail = {show}

第一步：在“pages”→“components”中新建 video.vue 页面，如图 2-101 所示。

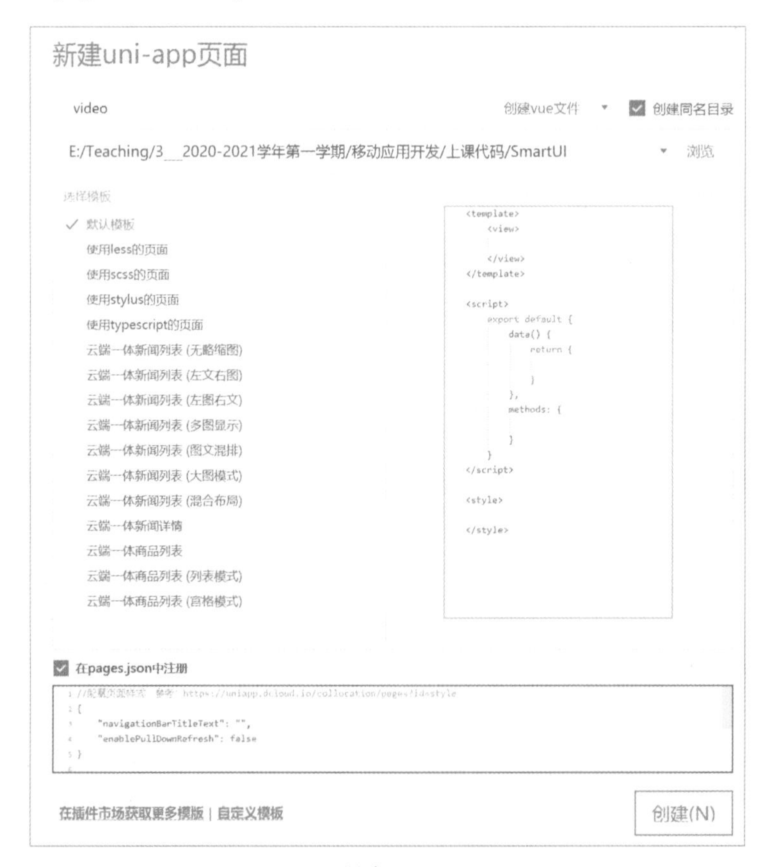

图 2-101　新建 video.vue 页面

第二步：在 video.vue 页面中添加如下代码。

```
<template>
    <view>
        <view class="smart-page-head">
            <view class="smart-page-head-title">video,视频播放</view>
        </view>
        <view class="smart-padding-wrap">
            <video
                id="myVideo"
                :danmu-list="danmuList"
                enable-danmu="true"
                danmu-btn="true"
               src="https://img.cdn.aliyun.dcloud.net.cn/guide/uniapp/%E7%AC%
AC1%E8%AE%B2%EF%BC%88uni-app%E4%BA%A7%E5%93%81%E4%BB%8B%E7%BB%8D%EF%BC%89-%20DClou
d%E5%AE%98%E6%96%B9%E8%A7%86%E9%A2%91%E6%95%99%E7%A8%8B@20181126-lite.m4v"
            ></video>
        </view>
        <view><input v-model="danmuValue" class="smart-input" type="text"
placeholder="在此处输入弹幕内容" /></view>
         <view class="btn-v"><button @click="sendDanmu" class="page-body-
button">发送弹幕</button></view>
    </view>
</template>

<script>
export default {
    data() {
        return {
            danmuList: [
                {
                    text: '第 1s 出现的弹幕',
                    color: '#ff0000',
                    time: 1
                },
                {
                    text: '第 3s 出现的弹幕',
                    color: '#ff00ff',
                    time: 3
                }
            ],
            danmuValue: ''
        };
    },
    onReady: function(res) {

        this.videoContext = uni.createVideoContext('myVideo');

        setTimeout(() => {
            //this.showVideo = true;
        }, 350);

        //this.showVideo = true;

    },
    methods: {
        sendDanmu: function(e) {
            this.videoContext.sendDanmu({
```

```
                    text: this.danmuValue,
                    color: 'red'
                });
                this.danmuValue = '';

            }
        }
    };
</script>

<style>
video {
    width: 100%;
}
.btn-v {
    margin: 15rpx;
}
</style>
```

第三步：预览效果如图 2-102 所示。

图 2-102　预览效果

注意：

视频播放格式说明：

H5 平台：支持的视频格式视浏览器而定，一般通用的都支持：mp4、webm 和 ogg。（<video/>组件编译到 H5 时会替换为标准 HTML 的 video 标签）。H5 端也可以自行在条件编译中使用 video.js 等三方库，这些库可以自动判断环境兼容以决定使用标准 video 或 flash 来播放。

小程序平台：各小程序平台支持程度不同，详见各家文档：微信小程序视频组件文档、支付宝小程序 video 组件文档、百度小程序视频组件文档、字节跳动小程序视频组件文档、QQ 小程序视频组件文档、华为快应用视频组件文档。

App 平台：支持本地视频（mp4/flv）、网络视频地址（mp4/flv/m3u8）及流媒体（rtmp/hls/rtsp）。

3. audio 音频播放组件

audio 音频播放组件的属性及其说明如表 2-21 所示。

表 2-21　audio 音频播放组件的属性及其说明

属 性 名	类　型	默 认 值	说　明
id	String		audio 组件的唯一标识符
src	String		要播放音频的资源地址
loop	Boolean	false	是否循环播放
controls	Boolean	false	是否显示默认控件
poster	String		默认控件上的音频封面的图片资源地址，如果 controls 属性值为 false 则设置 poster 无效
name	String	未知音频	默认控件上的音频名字，如果 controls 属性值为 false 则设置 name 无效
author	String	未知作者	默认控件上的作者名字，如果 controls 属性值为 false 则设置 author 无效
@error	EventHandle		当发生错误时触发 error 事件，detail = {errMsg: MediaError.code}
@play	EventHandle		当开始 / 继续播放时触发 play 事件
@pause	EventHandle		当暂停播放时触发 pause 事件
@timeupdate	EventHandle		当播放进度改变时触发 timeupdate 事件，detail = {currentTime, duration}
@ended	EventHandle		当播放到末尾时触发 ended 事件

第一步：在“pages”→“components”中新建 audio.vue 页面，如图 2-103 所示。

图 2-103　新建 audio.vue 页面

第二步：在 audio.vue 页面中添加如下代码。

```
<template>
    <view>
        <view class="smart-page-head">
            <view class="smart-page-head-title">audio 音频</view>
        </view>
        <view class="smart-padding-wrap">
            <audio style="text-align: left" :src="current.src" :poster="current.
poster" :name="current.name" :author="current.author"
                :action="audioAction" controls></audio>
        </view>
    </view>
</template>

<script>
    export default {
        data() {
            return {
                current: {
                    poster: 'https://img-cdn-qiniu.dcloud.net.cn/uniapp/
audio/music.jpg',
                    name: '致爱丽丝',
                    author: '暂无',
                    src: 'https://img-cdn-qiniu.dcloud.net.cn/uniapp/audio/
music.mp3',
                },
                audioAction: {
                    method: 'pause'
                }
            }
        },
        methods: {

        }
    }
</script>

<style>

</style>
```

第三步：预览效果如图 2-104 所示。

图 2-104　预览效果

2.2.6　地图组件

第一步：打开“pages”→“tabBar”→“component”→“component.vue”页面，如图 2-105 所示。

图 2-105　编辑 component.vue 页面

第二步：在 component.vue 页面添加如图 2-106 所示代码。

```
<template>
    <view class="smart-container">
        <view class="smart-panel-title">1. 容器</view>
        <view class="smart-panel-h" @click="goDetailPage('view')"><text>view视图</text></view>
        <view class="smart-panel-h" @click="goDetailPage('scroll-view')"><text>scroll-view滚动视图</text></view>
        <view class="smart-panel-h" @click="goDetailPage('swiper')"><text>swiper可滑动视图</text></view>

        <view class="smart-panel-title">2. 基础内容</view>
        <view class="smart-panel-h" @click="goDetailPage('text')"><text>text文本编辑</text></view>
        <view class="smart-panel-h" @click="goDetailPage('rich-text')"><text>rich-text富文本编辑</text></view>
        <view class="smart-panel-h" @click="goDetailPage('progress')"><text>progress进度条</text></view>

        <view class="smart-panel-title">3. 表单组件</view>
        <view class="smart-panel-h" @click="goDetailPage('button')"><text>button按钮</text></view>
        <view class="smart-panel-h" @click="goDetailPage('radio')"><text>radio单选框</text></view>
        <view class="smart-panel-h" @click="goDetailPage('checkbox')"><text>checkbox多选框</text></view>
        <view class="smart-panel-h" @click="goDetailPage('input')"><text>input输入控件</text></view>
        <view class="smart-panel-h" @click="goDetailPage('picker')"><text>picker选择列表</text></view>
        <view class="smart-panel-h" @click="goDetailPage('slider')"><text>slider滑块</text></view>
        <view class="smart-panel-h" @click="goDetailPage('switch')"><text>switch开关</text></view>
        <view class="smart-panel-h" @click="goDetailPage('textarea')"><text>textarea多行文本输入框</text></view>
        <view class="smart-panel-h" @click="goDetailPage('form')"><text>form表单</text></view>
        <view class="smart-panel-title">4. 导航</view>
        <view class="smart-panel-h" @click="goDetailPage('navigator')"><text>navigator导航</text></view>
        <view class="smart-panel-title">5. 媒体组件</view>
        <view class="smart-panel-h" @click="goDetailPage('image')"><text>image</text></view>
        <view class="smart-panel-h" @click="goDetailPage('video')"><text>video</text></view>
        <view class="smart-panel-h" @click="goDetailPage('audio')"><text>audio</text></view>
        <view class="smart-panel-title">6. 地图</view>
        <view class="smart-panel-h" @click="goDetailPage('map')"><text>map地图</text></view>
    </view>
</template>
```

图 2-106　添加功能菜单

预览效果如图 2-107 所示。

移动应用开发
slider滑块
switch开关
textarea多行文本输入框
form表单
4. 导航
navigator导航
5. 媒体组件
image
video
audio
6. 地图
map地图
组件　API

图 2-107　预览效果

第三步：在“pages”→“components”中创建 map.vue 页面，如图 2-108 所示。

图 2-108　新建 map.vue 页面

第二步：在 map.vue 页面中添加如下代码。

```
<template>
    <view>
        <view class="smart-page-head">
            <view class="smart-page-head-title">map,地图</view>
        </view>
         <view class="smart-padding-wrap"><map class="map" :latitude="39.909"
:longitude="116.39742" :markers="covers"></map></view>
    </view>
</template>

<script>
export default {
    data() {
        return {
            covers: [
                {
                    latitude: 39.909,
                    longitude: 116.39742,
```

```
                        iconPth: '../../static/location@3x.png'
                    }
                ]
            };
        },
        methods: {}
    };
</script>

<style>
.map {
    width: 100%;
    height: 600rpx;
}
</style>
```

第三步：预览效果如图 2-109 所示。

图 2-109　预览效果

习　题

编程题

1. 制作底部选项卡应用，效果如图 2-110 所示。

图 2-110　预览效果

2. 制作开屏广告，要求每间隔 3 秒自动切换、自动适应终端分辨率、显示面板指示点，效果如图 2-111 所示。

图 2-111　预览效果

3. 制作一个在线音乐播放器，效果如图 2-112 所示。

图 2-112　预览效果

第 3 章 综合实例——新闻资讯 App 制作

学习目标

- 掌握组件的综合应用
- 掌握开发过程中 UI 布局
- 掌握本地数据解析展示
- 掌握使用 Axure 原型设计软件进行草图的设计

本章为综合实战项目，将前面章节中的知识点进行综合运用。以一个新闻资讯类 App 为例逐步介绍基于本地数据的移动应用项目开发的流程及页面布局设计的实现。

 3.1 需求分析

本实例主要参照“学习强国”App，完成资讯类 App 的 UI 设计与布局，具体要求如下：

（1）参照“学习强国”App，针对几个主要栏目页进行布局设计。

（2）按照 App 制作流程，针对每个功能界面使用 Axure 进行原型设计制作。

（3）根据原型图，完成 uni-app 中各页面的编码工作。

 3.2 原型设计

3.2.1 Axure 原型设计软件介绍与安装

Axure RP 是一款专业的快速原型设计工具，让负责定义需求和规格、设计功能和界面的专家能够快速创建应用软件或 Web 网站的线框图、流程图、原型和规格说明文档。作为专业的原型设计工具，它能快速、高效地创建原型，同时支持多人协作设计和版本控制管理。

1．软件安装

软件安装步骤如图 3-1 ～图 3-6 所示。

图 3-1　Axure 软件安装一

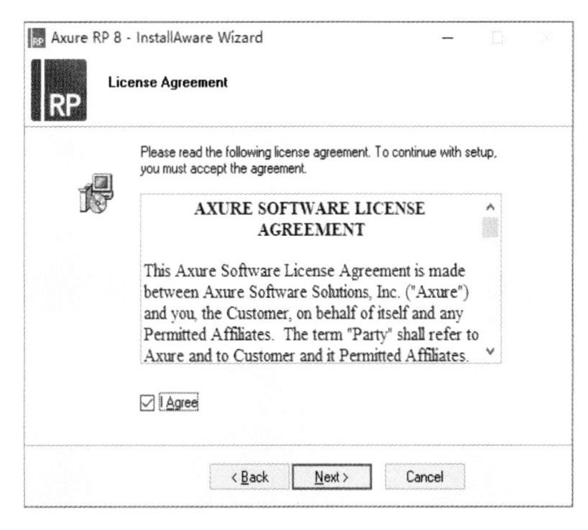

图 3-2　Axure 软件安装二

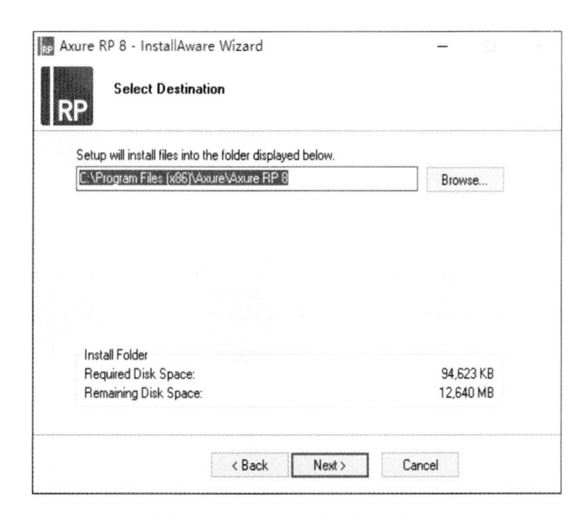

图 3-3　Axure 软件安装三

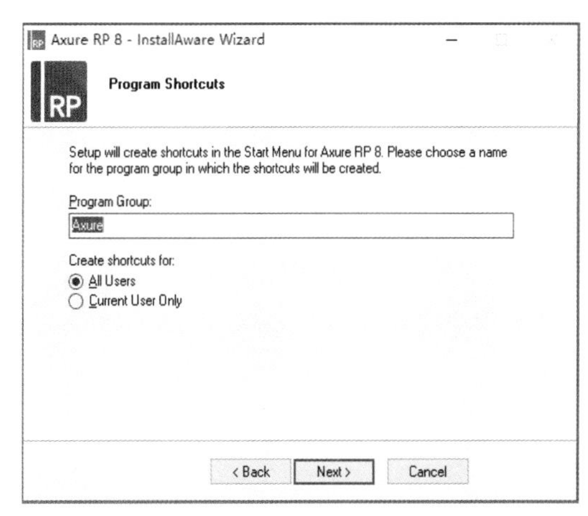

图 3-4　Axure 软件安装四

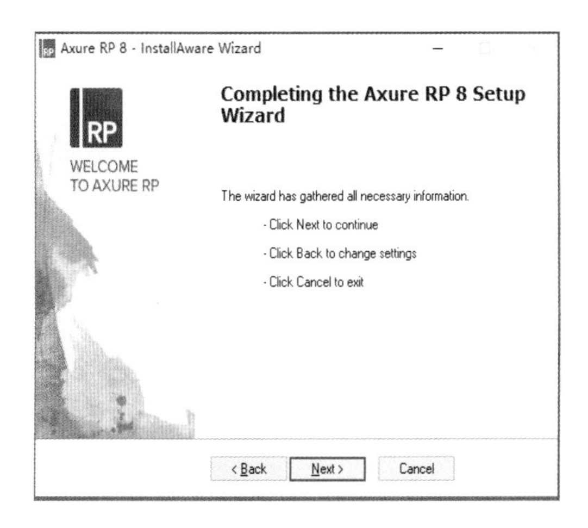

图 3-5　Axure 软件安装五

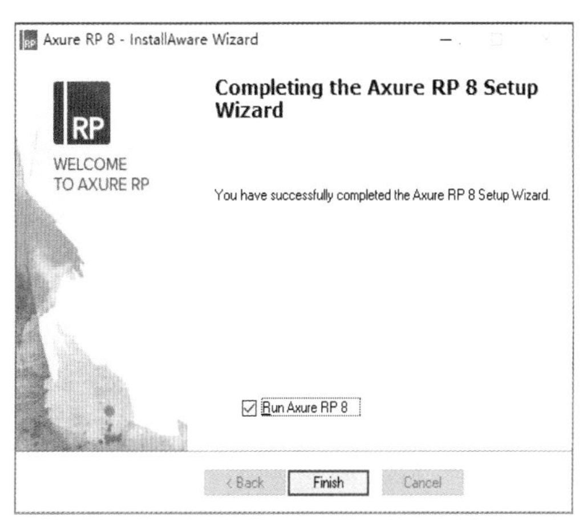

图 3-6　Axure 软件安装六

2. 软件汉化

（1）查找 Axure 的安装路径。右击应用图标，在弹出的快捷菜单中选择“属性”命令，如图 3-7 所示。

（2）复制汉化包文件夹（见图 3-8），粘贴至 Axure 安装目录下，如图 3-9 所示。

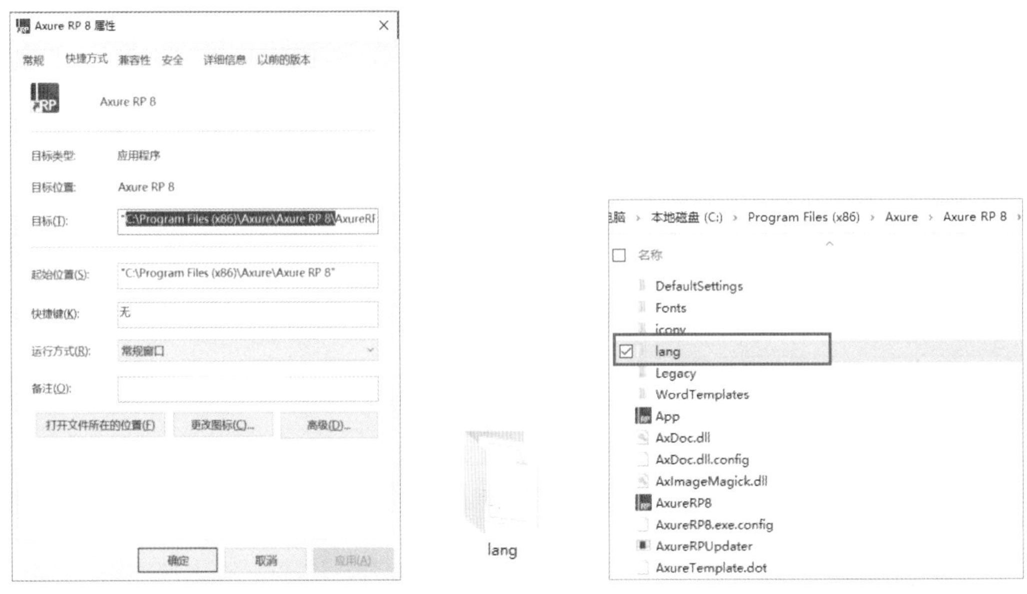

图 3-7　查看 Axure 安装路径　　图 3-8　汉化包　　图 3-9　粘贴汉化包后文件目录

（3）启动 Axure，运行界面如图 3-10 所示，至此 Axure 软件的安装与汉化均已完成。

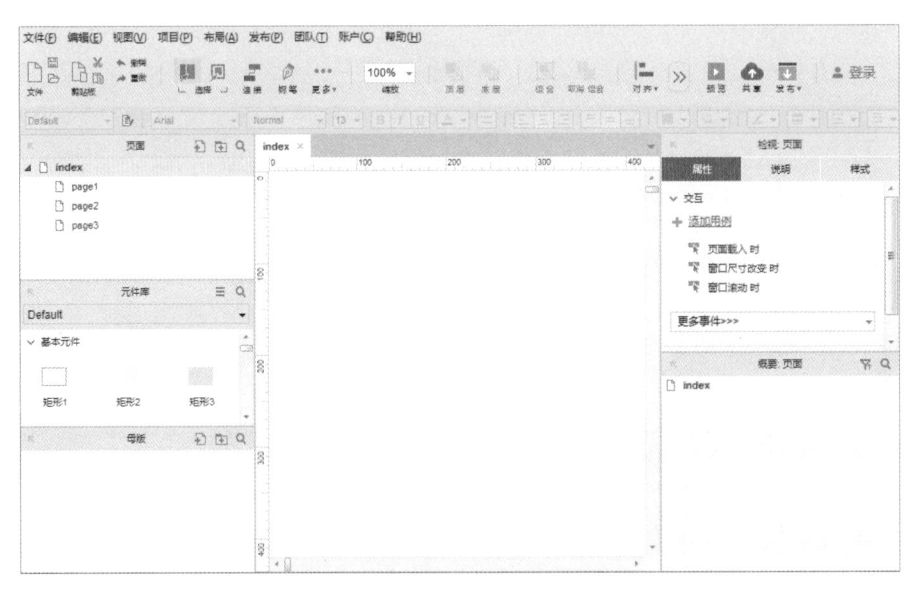

图 3-10　Axure 软件运行主界面

3.2.2　App 原型图设计

使用 Axure 软件进行原型图设计，原型图设计效果如图 3-11 ～图 3-16 所示。

图 3-11　首页草图

图 3-12　“视频”界面草图

图 3-13　“话题”界面草图

图 3-14　“未登录”界面草图

图 3-15　资讯详情界面草图

图 3-16　视频详情界面草图

3.3　功能实现

3.3.1　首页功能实现

第一步：新建 uni-app 项目“资讯 App”，如图 3-17 所示。

第二步：将项目所需图标复制到“static”目录下，如图 3-18 所示。

图 3-17 新建项目

图 3-18 粘贴项目所需图标

第三步：在“pages”目录下新建一个目录“tabBar”，如图 3-19 和图 3-20 所示。

第四步：在“tabBar”目录下新建 news.vue 页面，如图 3-21 和图 3-22 所示。

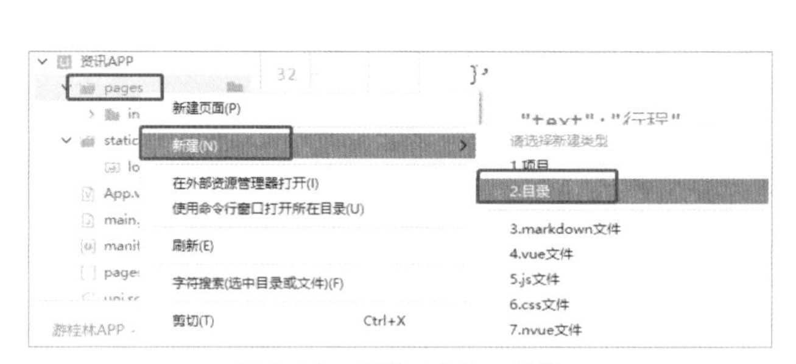

图 3-19 创建 tabBar 目录

图 3-20 创建 tabBar 目录后项目结构

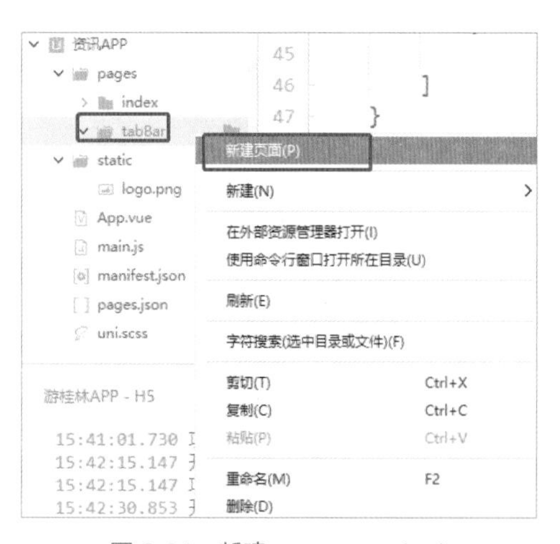

图 3-21 新建 news.vue（一）

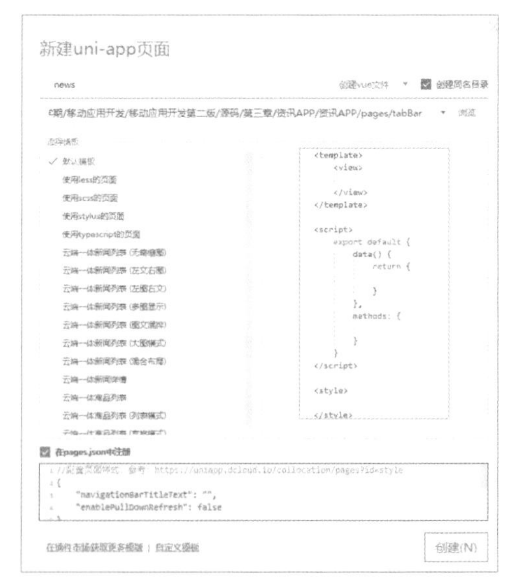

图 3-22 新建 news.vue（二）

代码如下所示：

```
<template>
    <view>
        <!--顶部-新闻-->
        <view class="tab">
            <!--选项卡-->
            <view class="tab_title">
                <!--可滚动视图-->
                <scroll-view scroll-x="true" class="scroll_x">
                <view>
                   <image style="width: 30rpx;height: 35rpx;" src="../
../../static/shouhu.png"></image>
                    </view>
                    <view>要闻</view>
                    <view>推荐</view>
                    <view>关注流</view>
                    <view>24小时</view>
                    <view>娱乐</view>
                    <view>桂林</view>
                    <view>财经</view>
                    <view>生活</view>
                    <view>科技</view>
                    <view>军事</view>
                    <view>体育</view>
                    <view>汽修</view>
                    <view>健康</view>
                    <view>国际</view>
                    <view>千里眼</view>
                    <view>5G</view>
                </scroll-view>
            </view>

        </view>
        <view class="three">
            <view class="three-s">
                为您更新了15条内容
            </view>

        </view>

        <view class="twos">
            <view class="twoss">
                4℃ 小雨 桂林 PM2.59
            </view>
            <view class="left">
                  <input type="text" style="width: 180rpx; margin-right:
20rpx; font-size: 25rpx;" placeholder="搜索关键词" class="search_input"></input>
            </view>
        </view>


        <view class="d-three">

            <view class="xw-three">
                <view>
                    2020，我们温暖的记忆
                </view>
```

```
                <view class="threes">

                    <view class="j"><text class="zd">置顶</text></view>
                    <view class="j">新闻联播</view>

                    <view class="j">45评</view>


                </view>

            </view>
            <view class="xw-three">
                <view>
                    森林大县57年无大火是怎么做到的
                </view>
                <view class="threes">

                    <view class="j"><text class="zd">置顶</text></view>
                    <view class="j">光明网</view>

                    <view class="j">17评</view>


                </view>

            </view>
        </view>
        <!--新闻-1-->
        <navigator url="../newsinfo/newsinfo">
            <view class="d-three">
                <view class="d-threes">

                   <view>
                       <image style="width: 200rpx;height: 160rpx;" src="
../../../static/d.png"></image>
                   </view>
                   <view class="d-threess">几年近疯狂，涉案金额超3亿，一个"背包
客"牵出全国跨省"倒烟"大案</view>
                </view>
                <view>
                    <view class="threess">大河网 38评</view>
                </view>
            </view>
        </navigator>

        <!--新闻-2-->
        <view class="d-three">
            <view class="d-threes">
                <view>
                   <image style="width: 200rpx;height: 160rpx;" src="../
../../static/xw10.png"></image>
                </view>
                <view class="d-threess">中国老年化水平加速，论养老保险在中国的重
要性？人们应不应该买保险？</view>
            </view>
            <view>
                <view class="threess">新京报官微 58评</view>
```

```
            </view>
        </view>
        <view class="d-three">
            <view class="d-threes">
                <view>
                        <image style="width: 200rpx;height: 160rpx;"
src="../../../static/b.png"></image>
                </view>
                <view class="d-threess">人们都喜欢聚在一起玩耍，人们聚集在一起欢
呼是好？是坏？</view>
            </view>
            <view>
                <view class="threess">烽火君 18评</view>

            </view>
        </view>
        <view class="d-three">
            <view>加微信交友群，喜欢就聊，找喜欢的人</view>
            <view class="d-threes">
                <view class="a">
                        <image style="width: 200rpx;height: 160rpx;"
src="../../../static/b.png"></image>
                </view>
                <view class="a">
                        <image style="width: 200rpx;height: 160rpx;"
src="../../../static/c.png"></image>
                </view>
                <view class="a">
                        <image style="width: 200rpx;height: 160rpx;"
src="../../../static/f.png"></image>
                </view>
            </view>
        <view class="threess">广告 我主良缘文化</view>

        </view>

        <view class="d-three">
            <view class="d-threes">
                <view>
                        <image style="width: 200rpx;height: 160rpx;"
src="../../../static/f.png"></image>
                </view>
                <view class="d-threess">随着经济的发展，中国各个城市发展速度越来
越快，经济发展迅速，人们幸福快乐</view>
            </view>
            <view>
                <view class="threess">时代发展 8评</view>

            </view>
        </view>

        <view class="d-three">
            <view class="d-threes">
                <view>
                        <image style="width: 200rpx;height: 160rpx;"
src="../../../static/c.png"></image>
                </view>
```

```
                    <view class="d-threess">随着经济的发展，中国各个城市发展速度越来
越快，经济发展迅速，人们幸福快乐</view>
                </view>
                <view>
                    <view class="threess">时代发展 8评</view>

                </view>
            </view>

            <view class="d-three">
                <view class="d-threes">
                    <view>
                        <image style="width: 200rpx;height: 160rpx;"
src="../../../static/1.png"></image>
                    </view>
                    <view class="d-threess">随着经济的发展，中国各个城市发展速度越来
越快，经济发展迅速，人们幸福快乐</view>
                </view>
                <view>
                    <view class="threess">时代发展 3评</view>

                </view>
            </view>


        </view>
    </template>

    <script>
        export default {
            data() {
                return {


                }
            },
            methods: {

            }
        }
    </script>

    <style>
        .search {
            display: flex;
            /*显示在一行，弹性布局*/
            flex-direction: row;
            /*在一行显示、两个同时用才会显示在一行*/
        }

        .two {
            margin: 0rpx 40rpx 25rpx 30rpx;
            color: #FFFFFF;
            margin-top: 30rpx;
            display: flex;
            flex-direction: row;
        }
```

```
.twos {
    color: #FFFFFF;
    display: flex;
    background-color: #DD524D;
    margin-top: -10rpx;
    width: 100%;
    justify-content: space-between;
    -webkit-justify-content: space-between;
    height: 70rpx;
}

.twoss {
    margin-left: 20rpx;
}

.reds {
    color: #DD524D;
    height: 40rpx;
}

.xw-three {}

.three {
    width: 100%;
    height: 120rpx;
    background-color: #DD524D;

}

    three-s {

    color: #FFFFFF;
}

.d-three {
    border-bottom: 1rpx solid #ccd0d9;
    margin: 20rpx 20rpx 20rpx 20rpx;


}

.d-threes {
    display: flex;
    /*显示在一行，弹性布局*/
    flex-direction: row;
    /*在一行显示、两个同时用才会显示在一行*/



}

    a {
    margin: 20rpx 10rpx 10rpx 20rpx;
}

.d-threess {
    margin-left: 30rpx;
```

```
}

.threes {
    display: flex;
    /*显示在一行，弹性布局*/
    flex-direction: row;
    /*在一行显示、两个同时用才会显示在一行*/
    margin: 5rpx 10rpx 10rpx 10rpx;
    font-size: 25rpx;
    color: #808080;
}

.j {
    margin-right: 25rpx;
}

.threess {

    margin-bottom: 20rpx;
    font-size: 25rpx;
    color: #808080;
}

.search .left {
    flex: 1;
    /*自动适应宽度*/
    -webkit-flex: 1;
    margin-right: 70rpx;
    /*左右间距*/
    height: 10rpx;

}

.search .right {
    width: 120rpx;
}

.search_input {
    background-color: #F8F8F8;
    /*背景颜色*/
    border-radius: 40rpx;
    /*设置边框圆角，半径*/
    padding: 5rpx 30rpx 6rpx 30rpx;
    /*内间距*/
    margin-right: 1rpx;
}

.search_img {
    height: 48rpx;
    /*设置高度*/
    width: 48rpx;
    /*设置宽度*/
}

/*========选项卡========*/
.tab_title view {
    /*表示 tab_title下面所有的view都一样显示*/
    display: inline-block;
```

```
    /*在一行内显示*/
    margin-left: 30rpx;
    height: 80rpx;
    line-height: 80rpx;
    /*文字行高*/
    color: #FFFFFF;
}

.tab {
    background-color: #DD524D;
    height: 100rpx;
    position: fixed;
    /*固定位置设置新闻条的时候用*/
    z-index: 1;
    /*显示层级，设置在最上显示*/
    left: 0;
    right: 0;
    width: 100%;
    margin-top: 0rpx;

}

.zd {
    color: #DD524D;
}

.scroll_x {
    height: 60rpx;
    /*设置高度*/
    width: 100%;
    /*设置宽度*/
    white-space: nowrap;
    /*强制在一行内显示所有文本*/
}

/*隐藏导航条*/
scroll-view::-webkit-scrollbar {
    display: none;
    width: 0;
    height: 0;
    color: transparent;
}

/*========新闻列表 begin========*/
.news_list {
    margin: 200rpx 25rpx 25rpx 25rpx;
    position: absolute;
    /*xx固定位置*/
    padding-bottom: calc(var(--window-bottom));
    /*防止被tabar挡住*/
    width: 100%;
}

.news_item {
    height: 150rpx;
    border-bottom: 1rpx solid #C8C7CC;
    /*添加下画线和定义下画线颜色、宽度*/
    display: flex;
```

```
        flex-direction: row;
        margin-bottom: 20rpx;
        /*下间距*/
    }

    /*========设置左边图片大小========*/
    .news_list image {
        width: 180rpx;
        height: 140rpx;
        margin-right: 30rpx;
        /*图片与右外间距*/
    }

    .news_list .title {
        font-size: 35rpx;
        /*文字大小*/
    }

    .news_list .time {
        color: #C0C0C0;
        /*文字颜色*/
        font-size: 30rpx;
        /*文字大小*/
        margin-top: 15rpx;
        /*上设置内间距*/
    }
</style>
```

第五步：首页预览效果如图 3-23 所示。

图 3-23 首页预览效果

3.3.2　视频页面功能实现

第一步：在“pages”目录下新建 video.vue 页面，如图 3-24 和图 3-25 所示。

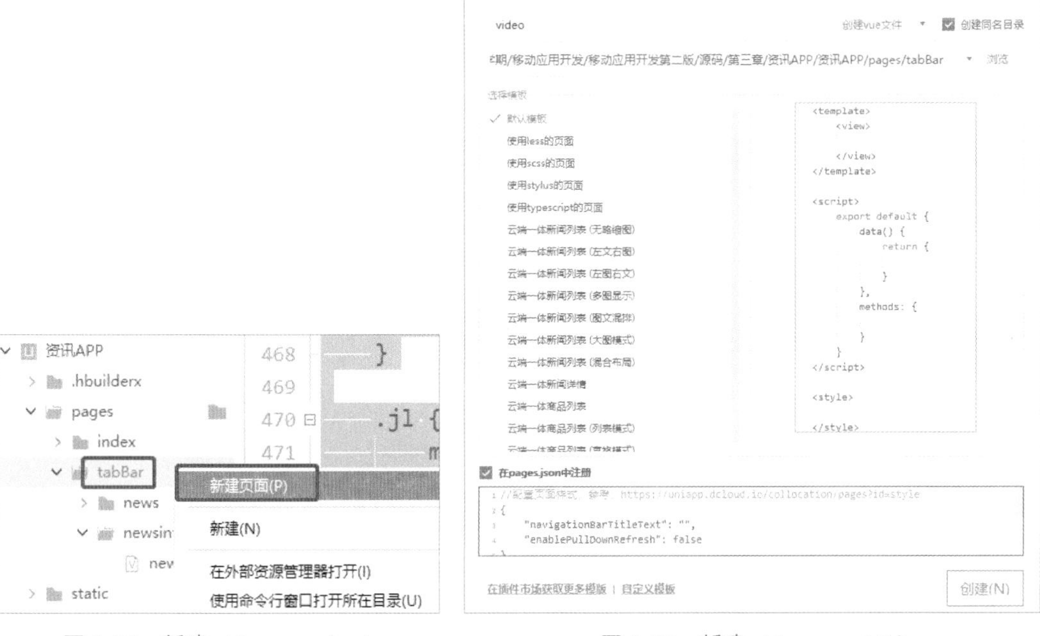

图 3-24　新建 video.vue（一）　　图 3-25　新建 video.vue（二）

代码如下所示：

```
<template>
    <view>
        <!--第一部分-顶部-->
        <view class="items">
            <view class="item">
                <view class="item-xs">推荐</view>
                <view class="item-x">千里眼</view>
                <view class="item-x">搞笑</view>
                <view class="item-x">娱乐</view>
                <view class="item-x">社会</view>
                <view class="item-x">音乐</view>
                <view class="item-x">科技</view>
            </view>
        </view>
        <view class="item-ss"></view>

        <!--第二部分-视频1-->
        <view class="sp">
            <navigator url="../videocontent/videocontent">
                <view class="x">600斤的公牛不甘心被杀，宁愿跳进大海之中，结局令人遗憾</view>
            </navigator>
                <video class="y" style="width: 100%;height: 400rpx;" src="http://picture.518-money.cn/18f875c85487a46140e71b6672b98c77c6f79a6e.mp4"></video>
            <view class="dibu">
```

```
                    <view class="wenzi">
                        <view class="wenzizf">
                                  <image style="width: 45rpx;height: 45rpx;"
src="../../../static/20170905115630868l6.jpg"></image>
                        </view>
                        <view class="wenzizf" style="font-size: 32rpx;">开心哈
哈大笑...</view>
                         <view class="wenzizf" style="color: #999999; margin-
top: 0rpx;">|</view>
                        <view class="wenzizf" style="font-size: 32rpx; color:
#DD524D; font-weight: bold;">关注</view>
                    </view>
                    <view class="tupian">
                        <view class="tupiandx">
                                  <image style="width: 35rpx;height: 35rpx;"
src="../../../static/xingxi.png"></image>
                        </view>
                        <view class="tupiandx">
                                  <image style="width: 35rpx;height: 35rpx;"
src="../../../static/dianzan.png"></image>
                        </view>
                        <view class="tupiandx" style="margin-top:
   -10rpx;padding-right: 20rpx;">...</view>
                    </view>
                </view>
            </view>

            <!--第二部分-视频2-->
            <view class="sp">
                <navigator url="../videocontent/videocontent">
                    <view  class="x">这些箱子里装的中高档卷烟共有1350余条、27万余支
</view>
                </navigator>
                     <video class="y" style="width: 100%;height: 400rpx;"
src="http://picture.518-money.cn/18f875c85487a46140e71b6672b98c77c6f79a6e.
mp4"></video>
                <view class="dibu">
                    <view class="wenzi">
                        <view class="wenzizf">
                            <image style="width: 45rpx;height: 45rpx;"
src="../../../static/y10.jpg"></image>
                        </view>
                        <view class="wenzizf" style="font-size: 32rpx;">往事随
风飘去...</view>
                         <view class="wenzizf" style="color: #999999; margin-
top: 0rpx;">|</view>
                        <view class="wenzizf" style="font-size: 32rpx; color:
#DD524D; font-weight: bold;">关注</view>
                    </view>
                    <view class="tupian">
                    <view class="tupiandx">
                                  <image style="width: 35rpx;height: 35rpx;"
src="../../../static/xingxi.png"></image>
                        </view>
                        <view class="tupiandx">
                                  <image style="width: 35rpx;height: 35rpx;"
src="../../../static/dianzan.png"></image>
                        </view>
```

```
                    <view class="tupiandx" style="margin-top:
-10rpx;padding-right: 20rpx;">...</view>
                </view>
            </view>
        </view>

        <!--第二部分-视频3-->
        <view class="sp">
            <navigator url="../videocontent/videocontent">
                <view class="x">一个"背包客",从郑州坐火车往返江南某市.....
</view>
            </navigator>
                <video class="y" style="width: 100%;height: 400rpx;"
src="http://picture.518-money.cn/18f875c85487a46140e71b6672b98c77c6f79a6e.
mp4"></video>
            <view class="dibu">
                <view class="wenzi">
                    <view class="wenzizf">
                        <image style="width: 45rpx;height: 45rpx;"
src="../../../static/y5.jpg"></image>
                    </view>
                    <view class="wenzizf" style="font-size: 32rpx;">微笑面
对一切...</view>
                    <view class="wenzizf" style="color: #999999; margin-
top: 0rpx;">|</view>
                    <view class="wenzizf" style="font-size: 32rpx; color:
#DD524D; font-weight: bold;">关注</view>
                </view>
                <view class="tupian">
                    <view class="tupiandx">
                        <image style="width: 35rpx;height: 35rpx;"
src="../../../static/xingxi.png"></image>
                    </view>
                    <view class="tupiandx">
                        <image style="width: 35rpx;height: 35rpx;"
src="../../../static/dianzan.png"></image>
                    </view>
                    <view class="tupiandx" style="margin-top:
-10rpx;padding-right: 20rpx;">...</view>
                </view>
            </view>
        </view>

        <!--第二部分-视频4-->
        <view class="sp">
            <navigator url="../videocontent/videocontent">
                <view class="x">原来，4月24日，该局执法人员奔赴江南某市，在江南某
市火车站</view>
            </navigator>
                <video class="y" style="width: 100%;height: 400rpx;"
src="http://picture.518-money.cn/18f875c85487a46140e71b6672b98c77c6f79a6e.
mp4"></video>
            <view class="dibu">
                <view class="wenzi">
                    <view class="wenzizf">
                        <image style="width: 45rpx;height: 45rpx;"
src="../../../static/y9.jpg"></image>
                    </view>
```

```
                        <view class="wenzizf" style="font-size: 32rpx;">每天开开心心...</view>
                        <view class="wenzizf" style="color: #999999; margin-top: 0rpx;">|</view>
                        <view class="wenzizf" style="font-size: 32rpx; color: #DD524D; font-weight: bold;">关注</view>
                    </view>
                    <view class="tupian">
                    <view class="tupiandx">
                            <image style="width: 35rpx;height: 35rpx;" src="../../../static/xingxi.png"></image>
                        </view>
                        <view class="tupiandx">
                            <image style="width: 35rpx;height: 35rpx;" src="../../../static/dianzan.png"></image>
                        </view>
                            <view class="tupiandx" style="margin-top: -10rpx;padding-right: 20rpx;">...</view>
                    </view>
                </view>
            </view>

            <!--第二部分-视频5-->
            <view class="sp">
                <navigator url="../videocontent/videocontent">
                    <view class="x">新郑市烟草与公安部门顺藤摸瓜，连夜驱车奔赴江南某市</view>
                </navigator>
                    <video class="y" style="width: 100%;height: 400rpx;" src="http://picture.518-money.cn/18f875c85487a46140e71b6672b98c77c6f79a6e.mp4"></video>
                <view class="dibu">
                    <view class="wenzi">
                        <view class="wenzizf">
                            <image style="width: 45rpx;height: 45rpx;" src="../../../static/y6.jpg"></image>
                        </view>
                        <view class="wenzizf" style="font-size: 32rpx;">一起来玩耍吧...</view>
                        <view class="wenzizf" style="color: #999999; margin-top: 0rpx;">|</view>
                        <view class="wenzizf" style="font-size: 32rpx; color: #DD524D; font-weight: bold;">关注</view>
                    </view>
                    <view class="tupian">
                        <view class="tupiandx">
                            <image style="width: 35rpx;height: 35rpx;" src="../../../static/xingxi.png"></image>
                        </view>
                        <view class="tupiandx">
                            <image style="width: 35rpx;height: 35rpx;" src="../../../static/dianzan.png"></image>
                        </view>
                            <view class="tupiandx" style="margin-top: -10rpx;padding-right: 20rpx;">...</view>
                    </view>
                </view>
            </view>
```

```
    </view>

</template>
</view>
<script>
    export default {
        data() {
            return {

            }
        },
        methods: {

        }
    }
</script>

<style>
    .items {
        background-color: #ffffff;
        position: fixed;
        /*固定位置设置新闻条的时候用*/
        z-index: 1;
        /*显示层级，设置在最上显示*/

        width: 100%;
        top: 90rpx;

    }

    .item {
        background-color: #ffffff;
        display: flex;
        /*显示在一行，弹性布局*/
        flex-direction: row;
        /*在一行显示，两个同时用才会显示在一行*/
        margin: 5rpx 10rpx 20rpx 10rpx;
        font-size: 40rpx;
        color: #333333;
        margin-bottom: 20rpx;

    }

    .item-ss {
        width: 100%;
        height: 60rpx;
    }

    /*选项卡*/
    .tab_title view {
        display: inline-block;
        /*一行内显示，没有加.的view表示概括定义在这个标签下的view标签*/
        margin-left: 30rpx;
        line-height: 30rpx;
        /*文字行高*/
        color: #ffffff;

    }
```

```
.dibu {
    display: flex;
    flex-direction: row;
    justify-content: space-between;
    -webkit-justify-content: space-between;
    margin-top: 30rpx;
    margin-bottom: 20rpx;
}

.wenzi {
    display: flex;
    flex-direction: row;

}

.tupian {
    display: flex;
    flex-direction: row;
}

.tupiandx {
    margin-left: 60rpx;
}

.wenzizf {
    margin-right: 20rpx;
}

.x {
    margin-top: 30rpx;
    margin-bottom: 30rpx;
}

.item-xs {
    color: #DD524D;
    font-weight: bold;
    /*文字加粗*/
}

.a {
    margin-right: 120rpx;
    height: 50rpx;
}

.ap image {
    width: 250rpx;
    height: 100rpx;
}

.ap {
    border-radius: 10rpx;
    width: 250rpx;
    height: 100rpx;
    overflow: hidden;
    margin: auto;
}

.b {}
```

```
.scroll_X {
    height: 50rpx;
    width: 100%;
    white-space: nowrap;
    /*强制在一行内显示所有文本*/
}

.item {
    display: flex;
    flex-direction: row;
    justify-content: space-between;
    color: #333333;
    background-color: #FFFFFF;
    border-bottom: 1rpx solid #C8C7CC;
}

.tab_title {
    /*表示 tab_title下面所有的view都一样显示*/
    display: inline-block;
    /*在一行内显示*/
    margin-left: 10rpx;
    height: 80rpx;
    line-height: 70rpx;
    /*文字行高*/
    color: #333333;
    background-color: #FFFFFF;
    border-bottom: 1rpx solid #C8C7CC;
}

.tab-x {
    color: #333333;
    background-color: #FFFFFF;
}

.scroll_x {
    height: 60rpx;
    /*设置高度*/
    width: 100%;
    /*设置宽度*/
    white-space: nowrap;
    /*强制在一行内显示所有文本*/
}

.gray {
    color: #C8C7CC;
}

.gray1 {
    color: #DD524D;
}

.hd {
    display: inline-block;
    /*在一行内显示*/
}
```

```
.tab {
    background-color: #DD524D;
}

.shgd {
    position: fixed;
    /*固定位置*/
    position: absolute;
    /*xx固定位置*/
    z-index: 1;
}

/*隐藏导航条*/
scroll-view::-webkit-scrollbar {
    display: none;
    width: 0;
    height: 0;
    color: transparent;
}

.sp {
    border-bottom: 1rpx solid #e5eaf3;
    margin: 10rpx 10rpx 20rpx 20rpx;

}

.reg-rigth {
    color: #DD524D;
    margin-right: 10rpx;
    padding-left: 10rpx;
}

.z {
    display: flex;
    flex-direction: row;
    justify-content: space-between;
    margin-bottom: 30rpx;
    margin-top: 20rpx;
    height: 70rpx;
}

.zs {
    display: flex;
}

.z1 {
    margin-bottom: 10rpx;
    margin-right: 300rpx;
    margin-top: 20rpx;
}

.z-h {
    height: 60rpx;
    margin-right: 10rpx;
    display: flex;
    flex-direction: row;
    font-size: 35rpx;
}
```

```
    .z-z {
        font-size: 30rpx;
        color: #C8C7CC;
    }
    .z-z1 {
        font-size: 30rpx;
        color: #C8C7CC;
        margin: 20rpx;
    }
    .z-z2 {
        font-size: 30rpx;
        color: #C8C7CC;
        margin: 20rpx;
    }
    .y {
        margin: 0rpx;
        flex: 1;
        /*自动适应宽度*/
    }
</style>
```

第二步：预览效果如图 3-26 所示。

图 3-26 “视频”界面

3.3.3 话题页面功能实现

第一步：在“pages”目录下新建 topic.vue 页面，如图 3-27 和图 3-28 所示。

图 3-27　新建 topic.vue（一）

图 3-28　新建 topic.vue（二）

代码如下所示：

```
<template>
    <view>
        <!--顶部-话题榜-->
        <view class="items">
            <view class="item">
                <navigator url="../pursue/pursue">
                    <view class="item-x">追踪</view>
                </navigator>
                <navigator url="../topic1/topic1">
                    <view class="item-x"><text class="item-xx">话题榜 </text>
</view>
                </navigator>
                <navigator url="../oppinions/oppinions">
                    <view class="item-x">观点榜 </view>
                </navigator>
                <image class="item-y" style="width: 35rpx; height: 35rpx;"
src="../../../static/shousuo.png"></image>
            </view>
        </view>
        <view class="bt"></view>
        <!--话题-1-->
        <view class="ht">
            <view>
                <image class="a" src="../../../static/t1.png"></image>
            </view>
            <view class="hts">
                <view class="b"><text class="item-xx">曼联客场不败场次在英超排
名第二，阿森纳27次客场不败</text></view>
                <view class="c">
                    曼联客场对阵阿斯顿维拉，这场比赛的结果对于现阶段的曼联来说影响
并不是很大，但如果一旦曼联输球，他们的同城死敌曼城就将提前加冕本赛季的英超冠军。在这样的大
```

```
背景下，曼联众将士自然是不愿意间接助攻死敌夺冠，因此在上半场落后的情况下，曼联在下半场发起了猛烈反扑，最终红魔以3-1的比分战胜了对手。
                    </view>
                    <view class="d">
                        <view class="hotimage">
                            <image class="img1" src="../../../static/y10.jpg">
</image>
                            <image class="img2" src="../../../static/y3.jpg">
</image>
                            <image class="img3" src="../../../static/y6.jpg">
</image>
                            <image class="img4" src="../../../static/y5.jpg">
</image>
                        </view>
                        <!--新闻-1-->
                        <view class="hotimage-x">
                                119观点
                        </view>

                    </view>

                </view>
            </view>


            <!--话题-2-->
            <view class="ht">
                <view>
                        <image class="a" style="width: 30rpx;height: 30rpx;"
src="../../../static/t2.png"></image>
                </view>
                <view class="hts">
                    <view class="b"><text class="item-xx">#司机为救婴儿闯红灯#
</text></view>
                    <view class="c">网红约司机为救婴儿连闯3红灯，警察查实后取消处罚。
</view>
                    <view class="d">
                        <view class="hotimage">
                            <image class="img1" src="../../../static/y4.jpg">
</image>
                            <image class="img2" src="../../../static/y2.jpg">
</image>
                            <image class="img3" src="../../../static/y8.jpg">
</image>
                            <image class="img4" src="../../../static/y8.jpg">
</image>
                        </view>
                        <!--新闻-1-->
                        <view class="hotimage-x">
                            1419观点
                        </view>
                        <view class="hotimage-y">
                            热

                        </view>
                    </view>
                </view>
```

```
        </view>
    </view>
</template>

<script>
    export default {
        data() {
            return {

            }
        },
        methods: {

        }
    }
</script>

<style>
    .hotimage {
        margin-right: 120rpx;

    }

    .hotimage-x {
        margin-right: 15rpx;
        font-size: 25rpx;
    }

    .hotimage image {
        width: 30rpx;
        height: 30rpx;
        position: absolute;

    }

    .hotimage .img1 {
        left: 20rpx;
    }

    .hotimage .img2 {
        left: 40rpx;
    }

    .hotimage .img3 {
        left: 60rpx;
    }

    .hotimage .img4 {
        left: 80rpx;
    }

    .hotimage .imgs {
        margin-left: 1000rpx;
    }

    .hotimage .img6 {
        margin-right: 700rpx;
    }
```

```
.items {
    position: fixed;
    z-index: 1;
    background-color: #FFFFFF;
    width: 100%;

}

.bt {
    width: 100rpx;
    height: 70rpx;
}

.item {
    display: flex;
    /*显示在一行，弹性布局*/
    flex-direction: row;
    /*在一行显示、两个同时用才会显示在一行*/
    margin: 5rpx 10rpx 20rpx 10rpx;
    font-size: 40rpx;
    color: #333333;
    background-color: #FFFFFF;
}

.item-x {
    margin-right: 45rpx;
}

.item-y {
    margin-top: 10rpx;
    margin-left: 180rpx;
}

.hotimage-y {
    border: 1rpx solid #DD524D;
    width: 30rpx;
    text-align: center;
    color: #DD524D;
    border-radius: 10rpx;
    font-size: 17rpx;
    height: 32rpx;
}

.item-xx {
    font-weight: bold;
    /*文字体重加粗*/
}


.ht {
    border-bottom: 1rpx solid #CCD0D9;
    margin-bottom: -12rpx;
}

.checkbox-item {
    color: #DD524D;
    width: 20rpx;
```

```
        height: 20rpx;
    }

    .hts {
        margin-left: 20rpx;
    }

    .c {
        margin-top: 13rpx;
    }

    .a {
        width: 30rpx;
        height: 30rpx;
        margin-top: 13rpx;
    }

    .d {
        margin-bottom: 20rpx;
        display: flex;
        flex-direction: row;
        white-space: nowrap;
        margin-top: 13rpx;
    }
</style>
```

第二步：预览效果如图 3-29 所示。

图 3-29 “话题”界面

3.3.4 我的页面功能实现

第一步：在“pages”目录下新建 my.vue 页面，如图 3-30 和图 3-31 所示。

图 3-30　新建 my.vue（一）

图 3-31　新建 my.vue（二）

代码如下所示：

```
<template>
    <view>
        <view class="dd">
            <!--未登录界面顶部部分-->
            <view class="item1">
                 <image class="tx" style="width: 130rpx; height: 130rpx;"
src="../../../static/mmao.png"></image>
                <view class="item2">
                    <view class="item3">HI~欢迎回来</view>
                    <view class="item4"><text class="itemz">登录</text></view>
                </view>
            </view>

            <!--第二部分-->
            <view class="er1">
                <view class="er2">关注3</view>
                <view class="er3">|</view>
                <view class="er4">话题0</view>
            </view>
        </view>

        <!--第三部分-->
        <view class="item-dj">
            <!--第三部分-1-->
            <view>
                <navigator url="../topic/topic">
                    <view class="item-left">
                         <image class="menpiao" src="../../../static/
shouzh.png"></image>
                    </view>
                    <view class="item-left">收藏</view>
                </navigator>
```

```
                </view>
                <!--第三部分-2-->
                <view>
                    <navigator url="../topic/topic">
                        <view class="item-left">
                                <image class="menpiao1" src="../../../static/
lishi.png"></image>
                        </view>
                        <view class="item-left">历史</view>
                    </navigator>
                </view>
                <!--第三部分-3-->
                <view>
                    <navigator url="../topic/topic">
                        <view class="item-left">
                                <image class="menpiao2" src="../../../static/
shezhi.png"></image>
                        </view>
                        <view class="item-left">设置</view>
                    </navigator>
                </view>
            </view>

            <view>
                    <image style="width: 100%; height: 90rpx;" src="../../../
static/gg.jpg"></image>
            </view>


            <!--第四部分-3-->
            <view class="button">
                    <image class="buttons" style="width: 100%; height: 300rpx;"
src="../../../static/stup.png"></image>

                <view class="button"><text class="hh">已有</text>385,893<text
class="hh">人</text></view>
                    <view class="button"><text class="hh">在这里发布身边的新鲜事</
text></view>
                <view class="reg-right">我也要发布</view>
            </view>

            <!--第五部分-->
            <view class="button">
                    <view class="buttonx">先去逛逛<image class="buttony"
style="width: 35rpx; height: 35rpx;" src="../../../static/you.png"></image>
                </view>
            </view>

            <!--第六部分-->
            <view class="zh"></view>


        </view>
    </template>

    <script>
        export default {
            data() {
```

```
            return {

            }
        },
        methods: {

        }
    }
</script>

<style>
    .dd {
        padding-bottom: 0rpx;
        background-image: url(../../../static/bjmh.png);
        /*添加图片*/
        background-position: center;
        margin-top: -30rpx;
        height: 280rpx;
    }

    .tx {
        margin-top: 10rpx;
    }

    .item1 {
        display: flex;
        margin-top: 30rpx;
        margin-left: 20rpx;
    }

    .item2 {
        margin-top: 15rpx;
    }

    .item3 {
        margin-left: 20rpx;
        color: #FFFFFF;
        font-weight: bold;
        margin-top: 10rpx;
    }

        item4 {
        border-radius: 20rpx;
        color: #FFFFFF;
        width: 150rpx;
        heigh: 100rpx;
        background-color: #DD524D;
        margin-left: 20rpx;
        margin-top: 10rpx;
    }

    .itemz {
        color: #FFFFFF;
        margin-left: 45rpx;
    }

    .er1 {
        display: flex;
```

```
        margin-top: 80rpx;
        margin-left: 80rpx;
        opacity: 0.5;
    }

    .er2 {
        margin-left: 50rpx;
        color: #FFFFFF;
    }

    .er3 {
        margin-left: 140rpx;
        color: #FFFFFF;
    }

    .er4 {
        margin-left: 150rpx;
        color: #FFFFFF;
    }

    .smart {}

    .item-dj {
        display: flex;
        flex-direction: row;
        -webkit-flex: 1;
        flex: 1;
        border-bottom: 1rpx solid #e6e6e6;
        margin-top: -50rpx;
        margin-bottom: 5rpx;
    }



        item-left {
        height: 10rpx;
        line-height: 71rpx;
        /*设置行高和标签高度一致，实现垂直居中*/
        width: 50%;
        /*水平居中*/
        text-align: center;
        margin: 90rpx;
        font-size: 20rpx;
        padding-bottom: 1rpx;
        margin-top: 20rpx;
    }

    .menpiao {
        width: 45rpx;
        height: 45rpx;
        text-align: center;
        margin-top: 70rpx;
    }

    .menpiao1 {
        width: 45rpx;
        height: 45rpx;
```

```
        text-align: center;
        margin-top: 70rpx;
    }

    .menpiao2 {
        width: 40rpx;
        height: 40rpx;
        text-align: center;
        margin-top: 70rpx;
    }

    .buttons {
        margin-top: 0rpx;
    }


    .button {
        text-align: center;
    }

    .reg-right {
        border: 1rpx solid #DD524D;
        width: 250rpx;
        height: 65rpx;
        text-align: center;
        color: #DD524D;
        border-radius: 40rpx;
        margin-bottom: 20rpx;
        line-height: 70rpx;
        margin-top: 40rpx;
        /*上外间距*/
        margin-left: 240rpx;
    }

    .buttonx {
        color: #999999;
    }

    .hh {
        color: #999999;
    }

    .zh {
        height: 200rpx;

    }
</style>
```

第二步：预览效果如图 3-32 所示。

图 3-32　我的界面

3.3.5　资讯详情页功能实现

第一步：在“pages”目录下新建 newsinfo.vue 页面，如图 3-33 和图 3-34 所示。

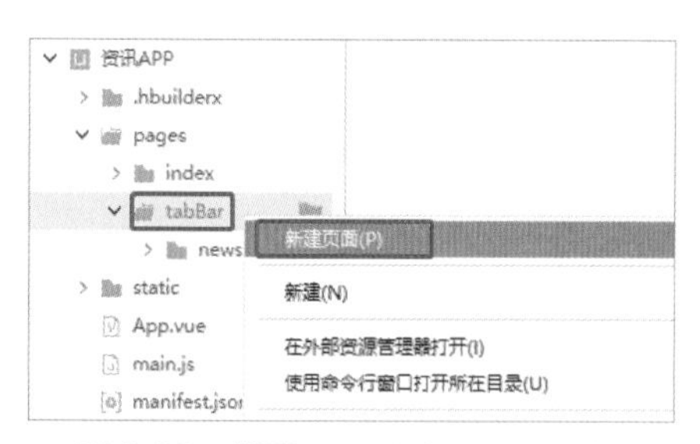

图 3-33　新建 newsinfo.vue（一）

图 3-34　新建 newsinfo.vue（二）

代码如下所示：

```
<template>
    <!--顶部-视频内容-->
    <view class="item">
        <view class="sh">
            <view>
                <image class="tp" src="../../../static/shouhu.png"><text
class="wb">曼联客场不败场次在英超排名第二，阿森纳27次客场不败</text></image>
            </view>
```

```
        </view>
        <view class="dhw">
            <view>
                <image class="tps" src="../../../static/
20170905115630868 16.jpg" style="width: 110rpx;height: 110rpx;"></image>
            </view>
            <view>
            <view class="zt">大河网</view>
                <view class="rq">12/14 10:53</view>
            </view>
            <view class="reg-rigth">+关注</view>
        </view>
        <view class="items">


            <view>
                <text>
                         曼联客场对阵阿斯顿维拉，这场比赛的结果对于现阶段的曼联来说影响
并不是很大，但如果一旦曼联输球，他们的同城死敌曼城就将提前加冕本赛季的英超冠军。在这样的大
背景下，曼联众将士自然是不愿意间接助攻死敌夺冠，因此在上半场落后的情况下，曼联在下半场发起
了猛烈反扑，最终红魔以3-1的比分战胜了对手。

                         由于最近一段时间曼联赛程十分密集，打完罗马之后，曼联又紧锣密鼓
地来到维拉公园球场。比赛一开始，曼联众球星都显得有些疲惫，正是这样的一种疲惫状态，让曼联在
场上犯错了。在比赛进行至第23分钟的时候，弗雷德的失误酿成大错，特劳雷进球打破场上僵局。丢球
之后，场边的索尔斯克亚也陷入了沉思。

                         到了下半场，曼联开启了反扑模式，在下半场仅仅只进行了10分钟的时
间，曼联就先后由费尔南德斯（点球）以及格林伍德打入两粒进球将比分反超。随后超级替补卡瓦尼出
场，在比赛临近结束的时候，卡瓦尼打入了锁定胜局的进球，将最终场上的比分定格在了3-1。

                       不得不说的是，本赛季的曼联似乎习惯了对手先进球。根据OPTA的数据统
计，本赛季曼联在客场一共10次先被对手进球，最终红魔取得了9次逆转（9胜1平）。更重要的是，算
上主场比赛，曼联在先被进球的情况下，一共赢得了10场比赛，在落后的情况下为球队抢到了31个积
分，创造了单赛季球队逆转的纪录。

                         在赢得这场胜利之后，曼联将他们的客场不败战绩延续到了25场，这样
的客场不败场次在英超历史上排名第二。在曼联身前的只剩下阿森纳，在2003-04赛季，阿森纳一共27
次客场不败。

                        拿下3分之后，曼联与曼城之间的分差还有10分，由于曼联少赛一轮，因
此在理论上，曼联还有夺冠的希望。虽然说本赛季英超冠军基本上已经基本确定是曼城，但曼联如今能
做的就是稳扎稳打去拿下每一场比赛。至于曼城何时加冕，站在曼联的立场，自然希望是越晚越好。</
text>
            </view>
            <view class="jd">校对 刘军</view>
        </view>
        <view class="pt">
            <view>
                           <image style="width: 20rpx; height: 20rpx;"
src="../../../static/gth.png"></image>
            </view>
            <view class="ptjj">平台声明</view>
        </view>
        <view class="jc">
            <view class="jcs">
            精彩推荐
            </view>
```

```
            </view>

            <view class="xw">
                <view>
                    <view>
                        单节24分，5个三分球！库里打疯了，半场狂胜25分
                    </view>
                    <view class="xwnr">
                        <view class="xwnrs">科技狐头条</view>
                        <view class="xwnrs">3737评</view>
                    </view>
                </view>
                <view>
                         <image style="width: 200rpx;height: 150rpx; border-
radius: 20rpx;" src="../../../static/11.png"></image>
                </view>
            </view>
            <view class="xws">

            </view>

            <view class="xw">
                <view>
                    <view>
                        意甲第35轮国米进攻的弱点是什么，国米进攻优势是什么
                    </view>
                    <view class="xwnr">
                        <view class="xwnrs">科技狐头条</view>
                        <view class="xwnrs">9677评</view>
                    </view>
                </view>
                <view>
                        v<image style="width: 200rpx;height: 150rpx; border-
radius: 20rpx;" src="../../../static/22.png"></image>
                </view>
            </view>
            <view class="xws">

            </view>
            <view class="xws">

            </view>

            <view class="jc">
                <view class="jcs">
                    我来说两句
                </view>
            </view>
            <view style="color: #c5c5c5; margin-bottom: 30rpx; margin-left: 20rpx;">
                热门评论
            </view>

            <view class="pl">
                <view>
                     <image style="width: 80rpx; height: 80rpx" src="../../../
static/mmao.png"></image>
                </view>
                <view class="lp">
```

```
                <view class="pll">
                    <view>
                        <view class="zt1">网友872503</view>
                        <view class="sj">
                            <view class="sjs">2小时前</view>
                            <view class="sjs">广西贵港市</view>
                        </view>
                    </view>
                    <view class="pl">
                        <view class="plll">7</view>
                        <view class="plll">
                            <image style="width: 30rpx;height: 30rpx;"
src="../../../static/dianzan.png"></image>
                        </view>
                        <view class="plll">
                            <image style="width: 30rpx;height: 30rpx;"
src="../../../static/xingxi.png"></image>
                        </view>
                    </view>
                </view>
                <view class="pll">微笑生活，勇敢面对。</view>
            </view>
        </view>
        <view class="pl">
            <view>
                <image style="width: 80rpx; height: 80rpx" src="../../../
static/mmao.png"></image>
            </view>
            <view class="lp">
                <view class="pll">
                    <view>
                        <view class="zt1">平安379373</view>
                        <view class="sj">
                            <view class="sjs">3小时前</view>
                            <view class="sjs">广西河池市</view>
                        </view>
                    </view>
                    <view class="pl">
                        <view class="plll">1</view>
                            <view class="plll">
                            <image style="width: 30rpx;height: 30rpx;"
src="../../../static/dianzan.png"></image>
                        </view>
                        <view class="plll">
                            <image style="width: 30rpx;height: 30rpx;"
src="../../../static/xingxi.png"></image>
                        </view>
                    </view>
                </view>
                <view class="pll">真看不懂，理解不了。</view>
            </view>
        </view>
        <view class="pl">
            <view>
                <image style="width: 80rpx; height: 80rpx" src="../../../
static/mmao.png"></image>
            </view>
            <view class="lp">
```

```
                <view class="pll">
                    <view>
                        <view class="zt1">交友896903</view>
                        <view class="sj">
                            <view class="sjs">5小时前</view>
                            <view class="sjs">广西柳州市</view>
                        </view>
                    </view>
                    <view class="pl">
                        <view class="plll">9</view>
                        <view class="plll">
                                <image style="width: 30rpx;height: 30rpx;"
src="../../../static/dianzan.png"></image>
                        </view>
                        <view class="plll">
                                <image style="width: 30rpx;height: 30rpx;"
src="../../../static/xingxi.png"></image>
                        </view>
                    </view>
                </view>
                <view class="pll">不应该/应该如何面对。</view>
            </view>
        </view>
        <view class="xhx"></view>

        <!--底部-->
        <view class="zdb">
            <view>
                    <image style="width: 40rpx; height: 40rpx;"
src="../../../static/zjt.png"></image>
            </view>
            <view class="left">
                    <input type="text" style="width: 220rpx; margin-right:
20rpx; font-size: 25rpx;" placeholder="有何观点"
                    class="search_input"></input>
            </view>
            <view class="jl">
                    <image style="width: 30rpx; height: 30rpx;"
src="../../../static/xingxi.png"></image>
            </view>
            <view class="jl">
                    <image style="width: 40rpx; height: 40rpx;"
src="../../../static/wjx.png"></image>
            </view>
            <view class="jl">
                    <image style="width: 40rpx; height: 40rpx;"
src="../../../static/lj.png"></image>
            </view>
        </view>
    </view>
</template>

<script>
    export default {
        data() {
            return {

            }
```

```
    },
    methods: {

    }
  }
</script>

<style>
  .item {
    margin-left: 15rpx;

  }

  .items {
    margin: 20rpx 20rpx 20rpx 20rpx;
  }

  .zt {
    font-size: 35rpx;
    margin-top: 10rpx;
    margin-left: 15rpx;
  }

  .rq {
    font-size: 30rpx;
    color: #B9B9B9;
    margin-top: 5rpx;
    margin-left: 15rpx;
  }

  .sh {
    margin-right: 30rpx;
  }

  .tp {
    width: 50rpx;
    height: 50rpx;
    margin: 0rpx 20rpx -10rpx 0rpx;
  }

  .sj {
    color: #C8C7CC;
    font-size: 30rpx;
    display: flex;
    flex-direction: row;
  }

  .sjs {
    margin-right: 30rpx;
    font-size: 20rpx;
    margin-top: 5rpx;
  }

  .wb {
    font-size: 40rpx;
  }

  .dhw {
```

```
    display: flex;
    flex-direction: row;
    /*在一行显示、两个同时用才会显示在一行*/
    margin-top: 30rpx;
    margin-bottom: 30rpx;
}

.tps {
    width: 80rpx;
    height: 80rpx;
}

.a {
    margin-top: 30rpx;
    margin-right: 30rpx;
}

.dhb {
    margin-top: 30rpx;
    margin-bottom: 30rpx;
}

.b {
    margin-top: 40rpx;
    margin-bottom: 40rpx;
    font-weight: bold;
}

.reg-rigth {
    background: #DD524D;
    height: 45rpx;
    border-radius: 60rpx;
    color: #FFFFFF;
    width: 120rpx;
    text-align: center;
    margin-top: 30rpx;
    margin-left: 280rpx;
    font-size: 30rpx;
}

.jd {
    margin-top: 40rpx;
}

.pt {
    margin: 30rpx 20rpx 40rpx 530rpx;
    color: #d9d9d9;
    font-size: 25rpx;
    display: flex;
    flex-direction: row;
}

.ptjj {
    margin-left: 10rpx;
}

.jc {
    background-color: #f05954;
```

```
    width: 160rpx;
    color: #FFFFFF;
    font-size: 30rpx;
    height: 37rpx;
    margin-left: -15rpx;
    margin-bottom: 40rpx;
}

.jcs {
    text-align: center;
    font-size: 25rpx;
}

.xw {
    display: flex;
    flex-direction: row;
    margin: 20rpx 20rpx 20rpx 20rpx;
}

.xws {
    border-bottom: 1rpx solid #D0D0D0;
    margin-top: 20rpx;
    margin-bottom: 30rpx;

}

.xwnr {
    display: flex;
    flex-direction: row;
    color: #b9b9b9;
    font-size: 30rpx;
    margin-top: 10rpx;
}

.xwnrs {
    margin-right: 30rpx;
    font-size: 25rpx;
}

.pl {
    display: flex;
    flex-direction: ;
    margin-right: -300rpx;
    margin-bottom: 40rpx;

}

.lp {
    margin-left: -30rpx;
}

.pll {
    display: flex;
    flex-direction: ;
    justify-content: space-between;
    -wekbet-justify-content: space-between;
    margin-left: 60rpx;
}
```

```
    .plll {
        margin-right: 65rpx;
        color: #999999;
    }

    .xhx {
        border-bottom: 1rpx solid #C0C0C0;
        margin-bottom: 20rpx;
        margin-top: 50rpx;
        margin-right: 20rpx;
        margin-left: 110rpx;
    }

    .jz {
        color: #C0C0C0;
        margin-left: 110rpx;
        margin-bottom: 80rpx;
    }

    .zdb {
        display: flex;
        flex-direction: row;
        position: fixed;
        bottom: 0rpx;
        background-color: #FFFFFF;
        width: 100%;
        height: 60rpx;
    }

    .left {
        height: 10rpx;
        margin-left: 20rpx;
    }

    .search_input {
        background-color: #F8F8F8;
        /*背景颜色*/
        border-radius: 40rpx;
        /*设置边框圆角，半径*/
        padding: 5rpx 30rpx 6rpx 30rpx;
        /*内间距*/
        margin-right: 1rpx;
    }

    .jl {
        margin-left: 70rpx;
    }

    .zt1 {
        font-size: 30rpx;
        color: #007AFF;
        margin-top: 10rpx;
    }
</style>
```

第二步：预览效果如图 3-35 所示。

图 3-35　资讯详情页

3.3.6　视频详情页面功能实现

第一步：在“pages”目录下新建 videoinfo.vue 页面，如图 3-36 和图 3-37 所示。

图 3-36　新建 videoinfo.vue（一）

图 3-37　新建 videoinfo.vue（二）

代码如下所示：

```
<template>
    <view>
        <!--顶部视频部分-->
        <view class="smart-page-head"></view>
        <view>
```

```
                    <video class="checkbox-item" style="width: 100%;height: 400rpx;"
                    src="http://picture.518-money.cn/18f875c85487a46140e71b6672b98c77c6f79a6e.mp4"></video>
            </view>
            <view class="spsy"></view>
            <!--第二部分-标题-->
            <view class="sp">
                <view class="b">大自然的魅力……</view>
                <view class="z">
                    <view class="z-z">1.0万次播放</view>
                    <view class="z-z">
                            <image style="width: 30rpx;height: 30rpx;" src="../../../static/dz.png"></image> 3
                    </view>
                </view>
                <!--第三部分-用户-->
                <view class="z">
                    <view>
                            <image style="width: 80rpx;height: 80rpx;" src="../../../static/20170905115630868l6.jpg"></image>
                    </view>
                    <view class="z-h">
                        <view>好吃的好玩的</view>
                        <view class="z-z">12-12</view>
                    </view>
                    <view class="reg-rigth">+关注</view>
                </view>
            </view>
            <!--第四部分-推荐-->

            <view class="item">
                <view>为你推荐</view>
                <!--第四部分-1-->
                <view class="e-item">
                    <view class="e">
                            <image style="width: 200rpx;height: 200rpx;" src="../../../static/m.png"></image>
                    </view>
                    <view>
                        <view class="e-rigth">大兴安岭出现超大型野兽，体重一吨比轿车还大，......</view>
                        <view class="z">
                            <view class="z-z1">动物大观察</view>
                            <view class="z-z2">5.3万次播放</view>
                        </view>
                    </view>
                </view>
                <!--第四部分-2-->
                <view class="e-item">
                    <view class="e">
                            <image style="width: 200rpx;height: 200rpx;" src="../../../static/b.png"></image>
                    </view>
                    <view>
                        <view class="e-rigth">大兴安岭出现超大型野兽，体重一吨比轿车还大，......</view>
```

```
                <view class="z">
                    <view class="z-z1">动物大观察</view>
                    <view class="z-z2">5.3万次播放</view>
                </view>
            </view>
        </view>

        <!--第四部分-3-->
        <view class="e-item">
            <view class="e">
                    <image style="width: 200rpx;height: 200rpx;"
src="../../../static/k.png"></image>
            </view>
            <view>
                <view class="e-rigth">大兴安岭出现超大型野兽，体重一吨比轿
车还大，......</view>
                <view class="z">
                    <view class="z-z1">动物大观察</view>
                    <view class="z-z2">5.3万次播放</view>
                </view>
            </view>
        </view>

        <!--第四部分-4-->
        <view class="e-item">
            <view class="e">
                    <image style="width: 200rpx;height: 200rpx;"
src="../../../static/d.png"></image>
            </view>
            <view>
                <view class="e-rigth">大兴安岭出现超大型野兽，体重一吨比轿
车还大，......</view>
                <view class="z">
                    <view class="z-z1">动物大观察</view>
                    <view class="z-z2">5.3万次播放</view>
                    </view>
            </view>
        </view>
    </view>

    <!--第五部分-热门推荐-->
     <view style="color: #c5c5c5; margin-bottom: 30rpx; margin-left:
20rpx;">
        热门评论
    </view>
    <!--第五部分-热门推荐-1-->
    <view class="pl">
        <view>
             <image style="width: 80rpx; height: 80rpx; margin-left:
20rpx;" src="../../../static/mmao.png"></image>
        </view>
        <view class="lp">
            <view class="pll">
                <view>
                    <view class="zt1">狐友879303</view>
                    <view class="sj">
                        <view class="sjs">1小时前</view>
                        <view class="sjs">广西桂林市</view>
```

```
                                </view>
                            </view>
                            <view class="pl">
                                <view class="plll">3</view>
                                <view class="plll">
                                      <image style="width: 30rpx;height: 30rpx;"
src="../../../static/dianzan.png"></image>
                                </view>
                                <view class="plll">
                                      <image style="width: 30rpx;height: 30rpx;"
src="../../../static/xingxi.png"></image>
                                </view>
                            </view>
                        </view>
                        <view class="pll">保命要紧，何机再起。</view>
                    </view>
                </view>
                <!--第五部分-热门推荐-2-->
                <view class="pl">
                    <view>
                         <image style="width: 80rpx; height: 80rpx; margin-left:
20rpx;" src="../../../static/mmao.png"></image>
                    </view>
                    <view class="lp">
                            <view class="pll">
                            <view>
                                <view class="zt1">网友872503</view>
                                <view class="sj">
                                    <view class="sjs">2小时前</view>
                                    <view class="sjs">广西贵港市</view>
                                </view>
                            </view>
                            <view class="pl">
                                <view class="plll">7</view>
                                <view class="plll">
                                      <image style="width: 30rpx;height: 30rpx;"
src="../../../static/dianzan.png"></image>
                                </view>
                                <view class="plll">
                                      <image style="width: 30rpx;height: 30rpx;"
src="../../../static/xingxi.png"></image>
                                </view>
                            </view>
                        </view>
                        <view class="pll">微笑生活，勇敢面对。</view>
                    </view>
                </view>
                <!--第五部分-热门推荐-3-->
                <view class="pl">
                    <view>
                         <image style="width: 80rpx; height: 80rpx; margin-left:
20rpx;" src="../../../static/mmao.png"></image>
                    </view>
                    <view class="lp">
                        <view class="pll">
                            <view>
                                <view class="zt1">平安379373</view>
                                <view class="sj">
```

```
                        <view class="sjs">3小时前</view>
                        <view class="sjs">广西河池市</view>
                    </view>
                </view>
                <view class="pl">
                    <view class="plll">1</view>
                    <view class="plll">
                           <image style="width: 30rpx;height: 30rpx;"
src="../../../static/dianzan.png"></image>
                    </view>
                    <view class="plll">
                           <image style="width: 30rpx;height: 30rpx;"
src="../../../static/xingxi.png"></image>
                    </view>
                </view>
            </view>
            <view class="pll">真看不懂，理解不了。</view>
        </view>
    </view>

    <!--第五部分-热门推荐-4-->
    <view class="pl">
        <view>
              <image style="width: 80rpx; height: 80rpx; margin-left:
20rpx;" src="../../../static/mmao.png"></image>
        </view>
        <view class="lp">
            <view class="pll">
                <view>
                    <view class="zt1">郊友896903</view>
                    <view class="sj">
                        <view class="sjs">5小时前</view>
                        <view class="sjs">广西柳州市</view>
                    </view>
                </view>
                <view class="pl">
                    <view class="plll">9</view>
                    <view class="plll">
                           <image style="width: 30rpx;height: 30rpx;"
src="../../../static/dianzan.png"></image>
                    </view>
                    <view class="plll">
                           <image style="width: 30rpx;height: 30rpx;"
src="../../../static/xingxi.png"></image>
                    </view>
                </view>
            </view>
            <view class="pll">不应该/应该如何面对。</view>
        </view>
    </view>

    <view class="xhx"></view>
    <view class="jz">已加载全部</view>
    <view class="xhxx"></view>

    <!--第六部分-底部-->
    <view class="zdb">
        <view>
```

```
                        <image style="width: 40rpx; height: 40rpx;"
src="../../../static/zjt.png"></image>
                </view>
                <view class="left">
                        <input type="text" style="width: 180rpx; margin-right:
20rpx; font-size: 25rpx;" placeholder="我来说两句"
                         class="search_input"></input>
                    </view>
                    <view class="jl">
                        <image style="width: 30rpx; height: 30rpx;"
src="../../../static/xingxi.png"></image>
                </view>
                <view class="jl">
                        <image style="width: 40rpx; height: 40rpx;"
src="../../../static/wjx.png"></image>
                </view>
                <view class="jl">
                        <image style="width: 40rpx; height: 40rpx;"
src="../../../static/lj.png"></image>
                </view>
            </view>
        </view>
    </template>

    <script>
        export default {
            data() {
                return {

                }
            },
            methods: {

            }
        }
    </script>

    <style>
        .item {
            margin: 20rpx 20rpx 20rpx 20rpx;
        }

        .spsy {
            width: 100%;
            height: 400rpx;
        }

        .checkbox-item {
            position: fixed;
            top: 85rpx;
            z-index: 1;
            /*显示层级，设置在最上显示*/
        }

        .sp {
            margin: 20rpx;
            border-bottom: 1rpx solid #999999;
```

```
}

.b {
    margin-top: 30rpx;
    margin-bottom: 30rpx;
    font-size: 45rpx;
}

.reg-rigth {
    background: #DD524D;
    height: 50rpx;
    border-radius: 50rpx;
    color: #FFFFFF;
    width: 140rpx;
    text-align: center;
}

.c {
    display: flex;
    flex-direction: row;
}

.d {
    display: flex;
    flex-direction: row;
    border-bottom: 1rpx solid #d0d0d0;
}

.z {
    display: flex;
    flex-direction: row;
    justify-content: space-between;
    margin-bottom: 30rpx;
}

.z-h {
    margin-right: 210rpx;
}

.z-z1 {
    font-size: 30rpx;
    color: #C8C7CC;
    margin: 20rpx;
}

.z-z2 {
    font-size: 30rpx;
    color: #C8C7CC;
    margin: 20rpx;
}

.z-z {
    font-size: 30rpx;
    color: #C8C7CC;
}

.e-item {
    display: flex;
```

```
        flex-direction: row;
    }

    .e-rigth {
        margin: 20rpx;
        margin-top: 40rpx;
    }

    .e {
        margin-top: 30rpx;

    }

    .pl {
        display: flex;
        flex-direction: ;
        margin-right: -280rpx;
        margin-bottom: 40rpx;
    }

    .lp {
        margin-left: -30rpx;
    }

    .pll {
        display: flex;
        flex-direction: ;
        justify-content: space-between;
        -wekbet-justify-content: space-between;
        margin-left: 60rpx;
    }

    .plll {
        margin-right: 50rpx;
    }

    .xhx {
        border-bottom: 1rpx solid #C0C0C0;
        margin: 0rpx 20rpx 20rpx 100rpx;
    }

    .xhxx {
        border-bottom: 1rpx solid #d5d5d5;
        margin: 0rpx 20rpx 20rpx 10rpx;
        margin-bottom: 40rpx;
    }

    .jz {
        color: #C0C0C0;
        margin-left: 120rpx;
        margin-bottom: 80rpx;
    }

    .zdb {
        display: flex;
        flex-direction: row;
        background-color: #FFFFFF;
        width: 100%;
```

```
        height: 60rpx;
        position: fixed;
        bottom: 0rpx;

    }

    .left {
        height: 10rpx;
        margin-left: 20rpx;
    }

    .search_input {
        background-color: #F8F8F8;
        /*背景颜色*/
        border-radius: 40rpx;
        /*设置边框圆角，半径*/
        padding: 5rpx 30rpx 6rpx 30rpx;
        /*内间距*/
        margin-right: 1rpx;
    }

    .jl {
        margin-left: 80rpx;
    }

    .zt1 {
        font-size: 30rpx;
        color: #007AFF;
        margin-top: 10rpx;
    }


    .zdb {
        display: flex;
        flex-direction: row;
    }

    .left {
        height: 10rpx;
        margin-left: 20rpx;
    }

    .search_input {
        background-color: #F8F8F8;
        /*背景颜色*/
        border-radius: 40rpx;
        /*设置边框圆角，半径*/
        padding: 5rpx 30rpx 6rpx 30rpx;
        /*内间距*/
        margin-right: 1rpx;
    }

    .jl {
        margin-left: 90rpx;
    }
</style>
```

第二步：预览效果如图 3-38 所示。

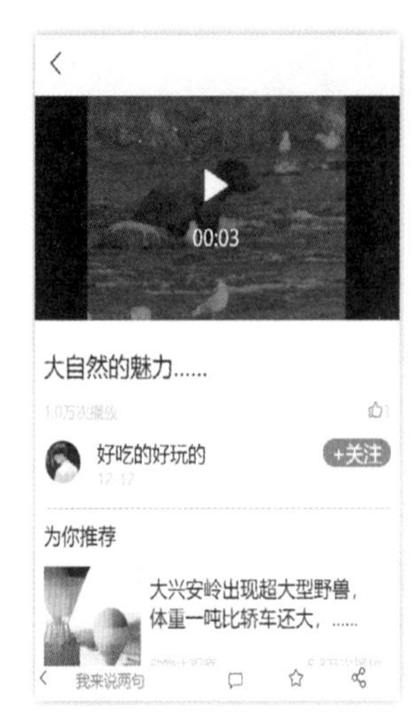

图 3-38　视频详情界面

习　题

编程题

1. 仿微信 App 功能界面设置，完成以下几个界面的 UI 布局设计，图标素材从 www.iconfont.cn 网站获取。

图 3-39　“微信”界面

图 3-40　“通讯录”界面

图 3-41 “发现”界面

图 3-42 “我”界面

第 4 章 uniCloud 的使用

学习目标

- 了解什么是 uniCloud
- 掌握 uniCloud 云端数据库的创建与管理
- 掌握 uni-app 结合 uniCloud 进行云端数据库的基本操作

本章主要介绍 uniCloud 的创建与管理，并以一个会员管理为例，结合 uniCloud 云数据库讲解在 uni-app 项目中如何进行数据的添加、查询、修改、删除等基本操作。

4.1 uniCloud 简介

uniCloud 是 DCloud 联合阿里云、腾讯云，为开发者提供的基于 serverless 模式和 js 编程的云开发平台。uniCloud 的 web 控制台地址为 https://unicloud.dcloud.net.cn。

uniCloud 的价值：

对于程序员：从此你又掌握一个新技能，用熟悉的 JS 轻松搞定前后台整体业务。

对于开发商：

开发成本大幅下降。不用再雇佣 PHP 或 Java 等服务器工程师，每年至少节省几十万。

你只需专注于你的业务，其他什么服务器运维、弹性扩容、防 DDoS 攻击，全都不需要操心。

如果不发布 H5 版，你将不需要购买备案域名。小程序和 App 可以免域名使用服务器。

对于敏捷性业务，前后端分离的沟通成本实在没有必要。可以考虑按业务负责分工，而不是按前后台分工。

开发者在 HBuilder X 中为项目新建 uniCloud 云环境（可选择阿里云或腾讯云），在云函数目录下编写 JS 代码，上传部署云函数到阿里云或腾讯云的 serverless 环境中。

前端代码通过 uniCloud.callFunction() 方法调用云函数。

云函数中可执行 JS 运算、读写云化数据库（NoSQL）、读写存储和 CDN、操作网络，给前端返回数据。

开发过程，连接 DCloud 服务器；运行过程是手机端直连阿里云或腾讯云 serverless 环境，不通过 DCloud 服务器中转。

uniCloud 的底层环境和微信小程序云开发、支付宝小程序云开发的基建环境相同。功能、性能、稳定性有足够的保障。腾讯云开发（CloudBase）提供基础 serverless 能力，微信团队基于该能力封装了微信云开发，而 DCloud 团队基于该能力封装了 uniCloud。阿里云类似。

小程序云开发已蔚然成风，微信小程序、支付宝小程序、百度小程序均提供了云开发。微信公布已有 50 万以上的开发者在使用云开发，微信自己的生活缴费、乘车码等应用均使用云开发。不过这个流行技术一直无法跨端，它们都只支持各自的小程序。uniCloud 解决了跨端问题，让 uni-app 的所有端应用，都可以使用云开发这个利器。

uniCloud 基建部分主要包括如下 3 部分。

云函数：在云端运行的 JS 代码。运行在定制过的 node 环境中，有良好的性能和强大的功能。serverless 环境无须自行加购服务器处理增容，云函数按量付费，不管多大的并发都扛得住（阿里云 serverless 已经经过了双 11 的考验）。

数据库：基于 NoSQL 的 JSON 文档型数据库。这种数据库对于前端工程师更自然，不需要学习 SQL，只需编写熟悉的 JS，即可玩转数据库。即便复杂的联表查询，也因 uniCloud 提供的 JQL 技术变的更加简单自然。

存储和 CDN：不管在前端还是云函数中，都可以操作存储和 CDN。在 uniCloud 提供的安全机制下，可以实现应用前端直传 CDN，避免服务器中转的耗时和带宽占用，且不会发生盗传。

uniCloud 还提供了大量的框架、工具、插件，并利用和 uni-app 的云端一体结合优势，提供了大量创新功能，减少重复开发、提升开发效率。

 4.2　云端数据基础操作

使用 uniCloud 采用 JS 编写后端服务代码，无须单独学习 PHP 或 Java，甚至也无须提前掌握 nodejs。下面将从创建云数据库、创建数据表、实现云端数据添加操作、实现云端数据查询操作、实现云端数据删除操作、实现云端数据编辑操作方面进行讲解。

4.2.1　创建云端数据库

第一步：登录云端（网址：https://unicloud.dcloud.net.cn/login），登录成功后，首先可以查看到已有服务器空间，如图 4-1 所示。

服务空间列表　　刷新　创建服务空间

服务空间	SpaceID	clientSecret	云服务商	付费方式	服务空间套餐	操作
houlang	55d165f1...	JDNDzE...	阿里云	-	-	详情 删除
smartnews	466c7ff6-...	9ZFCTp...	阿里云	-	-	详情 删除
uni1d01fdb	be096f54...	gNKELm...	阿里云	-	-	详情 删除
unicloud	5ab6f756...	a1i4Lm/v...	阿里云	-	-	详情 删除

图 4-1　创建云端数据库空间

第二步：创建空间。单击右上角的“创建服务空间”按钮，进入图 4-2 所示界面。

图 4-2 选择空间服务商并命名

至此服务空间创建成功。

4.2.2 创建数据表

在创建表时需要了解如何编写 DB Schema。在 HBuilder X 中编写 schema，有良好的语法提示和语法校验，还可以在前端连接本地云函数进行测试，是更为推荐的 schema 编写方案。

第一步：创建 schema。右击项目，在弹出的快捷菜单中选择“创建 database 目录”命令，如图 4-3 所示。

右击创建的 database 目录，在弹出的快捷菜单中选择“新建数据集合 schema”命令，如图 4-4 所示。

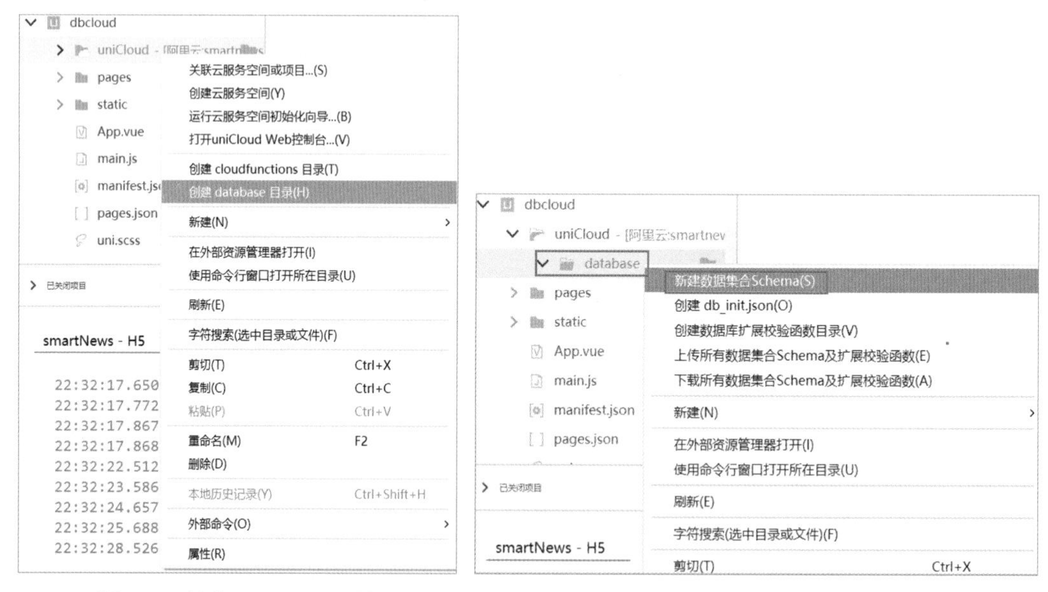

图 4-3 创建 database 目录　　　　图 4-4 新建数据集合

输入数据集合名称，如图 4-5 所示。

创建成功后，文档默认结构如图 4-6 所示。

第二步：上传 schema。右击单个 schema 文件，在弹出的快捷菜单中选择“上传数据集合

schema”命令，可以只上传当前选中的 schema，如图 4-7 所示。快捷键是“Ctrl+U”。（Ctrl+U 是 HBuilder X 的通用快捷键，不管是发布 App 还是上传云函数、schema，快捷键都是 Ctrl+U）

新建数据集合Schema文件　　[自定义模板]

user.schema.json

:/Teaching/3__2020-2021学年第一学期/移动应用开发/unicloud/dbcloud/uniCloud-aliyun/database　　浏览

选择模板

✓ dbschema

创建(N)

图 4-5　创建 user 数据集合

user.schema.json

```
1   // 文档教程: https://uniapp.dcloud.net.cn/uniCloud/schema
2   {
3       "bsonType": "object",
4       "required": [],
5       "permission": {
6           "read": false,
7           "create": false,
8           "update": false,
9           "delete": false
10      },
11      "properties": {
12          "_id": {
13              "description": "ID，系统自动生成"
14          }
15      }
16  }
```

图 4-6　默认结构

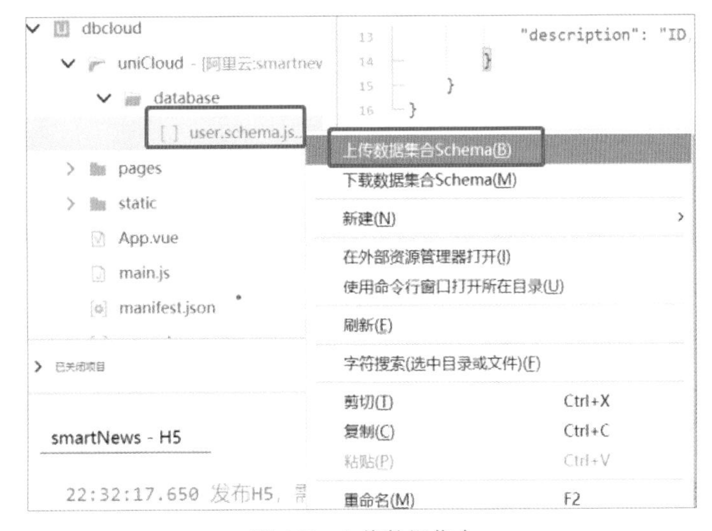

图 4-7　上传数据集合

提示是否自动创建该表并上传，如图 4-8 所示。

上传成功后，可以前往云端查看，如图 4-9 所示。

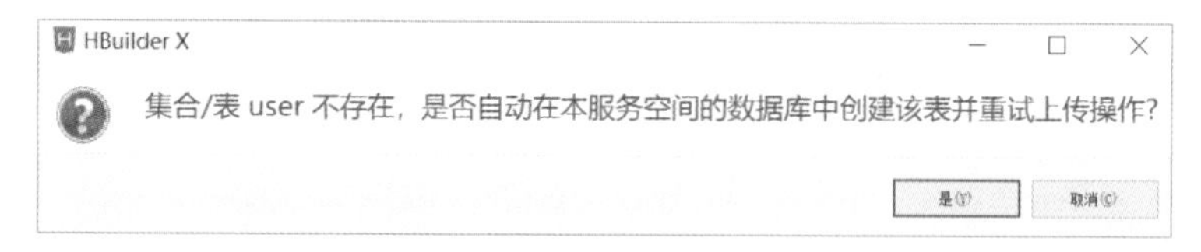

图 4-8　上传提示

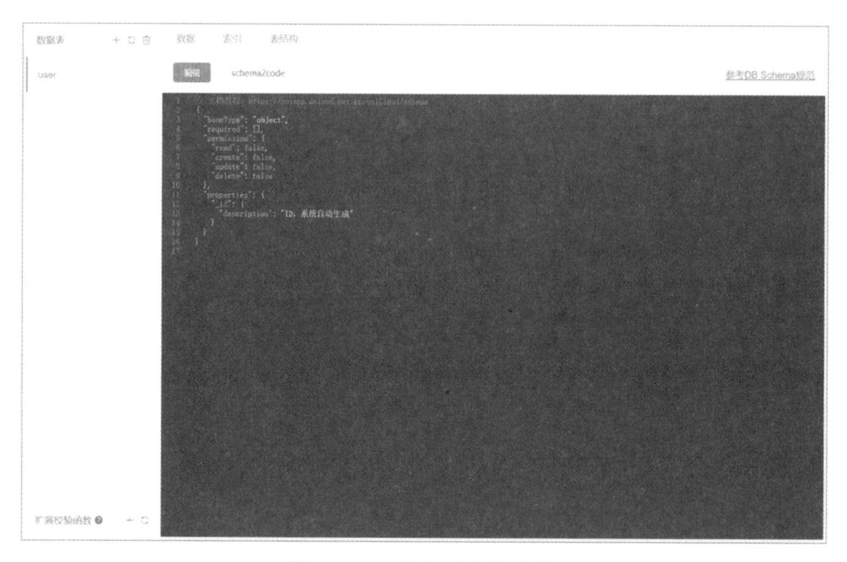

图 4-9　云端查看上传结果

第三步：下载 schema。右击 database 目录，在弹出的快捷菜单中，选择相应命令可以下载所有 schema 及扩展校验函数。

HBuilder X 中运行前端项目，在控制台选择连接本地云函数，此时本地编写的 schema 可直接生效，无须上传。方便编写调试。Schema 字段内容描述如表 4-1 所示。

表 4-1　Schema 字段内容描述

属　性	类　型	描　述
bsonType	any	字段类型，如 json object、字符串、数字、bool 值
title	string	标题，开发者维护时自用。如果不填 label 属性，将在生成前端表单代码时，默认用于表单项前面的 label
description	string	描述，开发者维护时自用。在生成前端表单代码时，如果字段未设置 component，且字段被渲染为 input，那么 input 的 placehold 将默认为本描述
required	array	是否必填。支持填写必填的下级字段名称。required 可以在表级的描述出现，约定该表有哪些字段必填。也可以在某个字段中出现，如果该字段是一个 json，可以对这个 json 中的哪些字段必填进行描述
enum	Array	字段值枚举范围，数组中至少要有一个元素，且数组内的每一个元素都是唯一的
enumType	String	字段值枚举类型，可选值 tree。设为 tree 时，代表 enum 里的数据为树状结构。此时 schema2code 可生成多级级联选择组件

续表

属　　性	类　　型	描　　述
maximum	number	如果 bsonType 为数字时，可接受的最大值
exclusiveMaximum	boolean	是否排除 maximum
minimum	number	如果 bsonType 为数字时，可接受的最小值
exclusiveMinimum	boolean	是否排除 minimum
minLength	number	最小长度
maxLength	number	最大长度
trim	String	去除空白字符，支持 none | both | start | end，默认值为 none，仅 bsonType="string" 时有效
format	'url'|'email'	数据格式，不符合格式的数据无法入库。目前只支持 'url' 和 'email'，未来会扩展到其他格式
pattern	String	正则表达式，如设置为手机号的正则表达式后，不符合该正则表达式则校验失败，无法入库
validateFunction	string	扩展校验函数名
errorMessage	string|Object	当数据写入或更新时，校验数据合法性失败后，返回的错误提示
defaultValue	string|Object	默认值
forceDefaultValue	string|Object	强制默认值，不可通过 clientDB 的代码修改，常用于存放用户 id、时间、客户端 ip 等固定值
foreignKey	String	关联字段。表示该字段的原始定义指向另一个表的某个字段，值的格式为表名 . 字段名，比如订单表的下单用户 uid 字段指向 uni-id-users 表的 _id 字段，那么值为 uni-id-users._id。关联字段定义后可用于联表查询，通过关联字段合成虚拟表，极大地简化了联表查询的复杂度
parentKey	String	同一个数据表内父级的字段
permission	Object	数据库权限，控制什么角色可以对什么数据进行读 / 写，可控制表和字段，可设置 where 条件
label	string	字段标题。生成前端表单代码时，渲染表单项前面的 label 标题
group	string	分组 id。生成前端表单代码时，多个字段对应的表单项可以合并显示在一个 uni-group 组件中
order	int	表单项排序序号。生成前端表单代码时，默认是以 schema 中的字段顺序从上到下排布表单项的，但如果指定了 order，则按 order 规定的顺序进行排序。如果表单项被包含在 uni-group 中，则同组内按 order 排序
component	Object|Array	生成前端表单代码时，使用什么组件渲染该表单项。比如使用 input 输入框

注意：

DB Schema 的各种功能均只支持 clientDB。如果使用云函数操作数据库，schema 的作用仅仅是描述字段信息。同时强烈推荐使用 HBuilder X 2.9.5 以上版本使用 clientDB。

生成表单页面的功能，入口在 uniCloud web 控制台的数据库 schema 界面，注意该功能需搭配 HBuilder X 2.9.5+ 版本。

暂不支持子属性校验。

第四步：编辑 user.schema.json，并上传，如图 4-10 所示。

```
// 文档教程: https://uniapp.dcloud.net.cn/uniCloud/schema
{
    "bsonType": "object",
    "required": [],
    "permission": {
        "read": false,
        "create": false,
        "update": false,
        "delete": false
    },
    "properties": {
        "_id": {
            "description": "ID，系统自动生成"
        },
        "username": {
            "bsonType": "string",
            "title": "用户名",
            "description": "用户名，不允许为空",
            "trim": "both"
        },
        "password": {
            "bsonType": "string",
            "title": "密码",
            "description": "密码，加密存储",
            "trim": "both"
        },
        "nickname": {
            "bsonType": "string",
            "title": "昵称",
            "description": "用户昵称",
            "trim": "both"
        },
        "gender": {
            "bsonType": "int",
            "title": "性别",
            "description": "用户性别: 0未知 1 男性 2女性",
            "defaultValue": "0",
            "enum": [{
                    "text": "未知",
                    "value": 0
                },
                {
                    "text": "男",
                    "value": 1
                },
                {
                    "text": "女",
                    "value": 2
                }
            ]
        },
        "mobile": {
            "bsonType": "string",
            "title": "手机号码",
            "description": "手机号码",
            "pattern": "^\\+?[0-9-]{3,20}$",
            "trim": "both"
        },
```

```
        "email": {
            "bsonType": "string",
            "format": "email",
            "title": "邮箱",
            "description": "邮箱地址",
            "trim": "both"
        },
        "register_date": {
            "bsonType": "timestamp",
            "description": "注册时间",
            "forceDefaultValue": {
                "$env": "now"
            }
        }
    }
}
```

```
[dbcloud] - uniCloud控制台

20:57:38.094 [阿里云:smartnews]开始上传数据集合Schema(user.schema.json)...
20:57:39.760 [阿里云:smartnews]上传数据集合Schema(user.schema.json)成功
```

图 4-10　上传日志

4.2.3　实现云端数据添加操作

第一步：编辑 index.vue 页面，效果如图 4-11 所示。

图 4-11　index.vue 效果

对应代码如下所示：

```
<template>
    <view>
        <view class="item">
            <button type="default" @click="goto('add')" >添加用户</button>
        </view>
    </view>
</template>
<script>
    export default {
        data() {
```

```
            return {
                title: 'Hello'
            }
        },
        onLoad() {
        },
        methods: {
            goto(e) {
                uni.navigateTo({
                    url: "../" + e + "/" + e
                })
            }
        }
    }
</script>
<style>
    page{
        margin: 10rpx;
    }
</style>
```

第二步：新建一个 add.vue 页面，如图 4-12 所示。

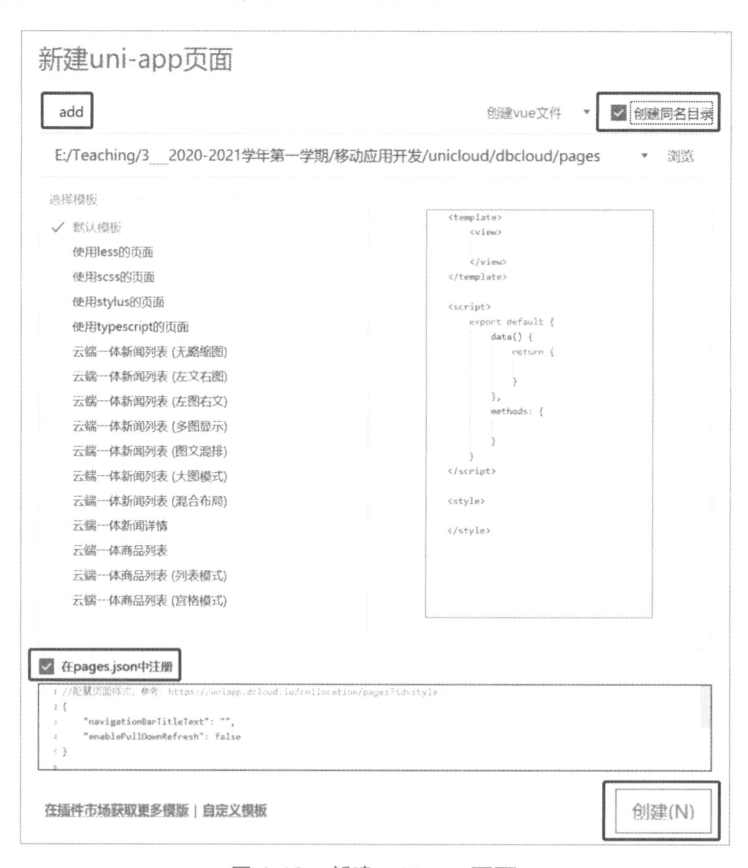

图 4-12　新建 add.vue 页面

第三步：创建云函数，如图 4-13 ～图 4-16 所示。

图 4-13　新建云函数目录

图 4-14　创建云函数

index.js 代码如下所示：

```
'use strict';
const db= uniCloud.database()
const userDb= db.collection('user')
exports.main = async (event, context) => {
  let addUserRes= await userDb.add(event);
  return addUserRes;
};
```

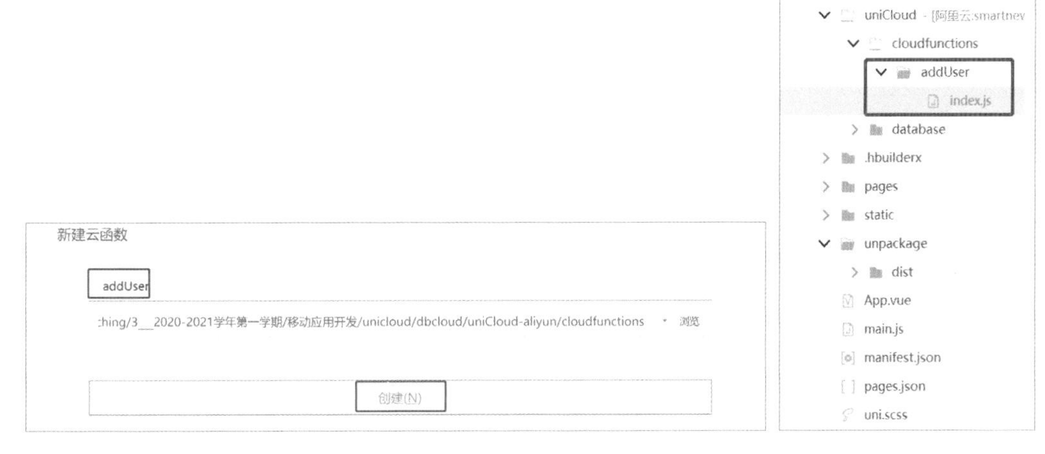

图 4-15　创建 addUser 云函数　　图 4-16　云函数目录结构

第四步：上传函数，如图 4-17 所示。

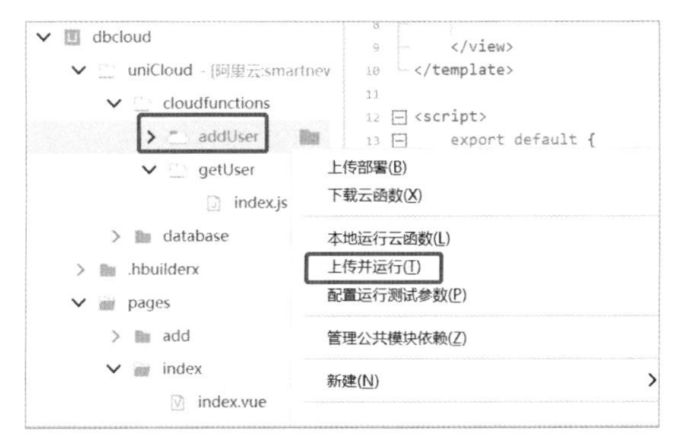

图 4-17　上传云函数

第五步：编辑 add.vue 页面。

```
<template>
    <view>
        <view class="form">
            <view class="content ">
                <view class="forget-bg">
                    <view class="forget-card">
                        <view class="forget-input forget-margin-b">
                                <input type="text" placeholder="用户名"
v-model="form.username" />
                        </view>
                        <view class="forget-input  forget-margin-b">
                                <input type="text" placeholder="密码"
v-model="form.password" />
                        </view>
                        <view class="forget-input forget-margin-b">
                                <input  type="text"  placeholder="昵称"
v-model="form.nickname" />
                        </view>
                        <view class="forget-input forget-margin-b">
                                <input  type="number"  placeholder="手机号"
v-model="form.mobile" />
                        </view>
                        <view class="forget-input forget-margin-b">
                                <input  type="text"  placeholder="Email"
v-model="form.email" />
                        </view>
                    </view>
                </view>
                <view class="forget-btn">
                    <button class="landing" type="primary" @click="submit">
添 加 </button>
                </view>
            </view>
        </view>
    </view>
</template>
<script>
    export default {
        data() {
            return {
                form: {
                    username: "",
                    password: "",
                    nickname: "",
                    mobile: "",
                    email: ""
                }
            }
        },
        methods: {
            submit() {
                console.log("------------执行添加操作-----------");
                uniCloud.callFunction({
                    name: 'addUser',            //云函数名称
                    data: this.form,
                    success: (e) => {
                        console.log(e.result); //打印返回数据
```

```
                        uni.showToast({
                            title: '添加成功',
                            duration: 2000
                        });
                      setTimeout()function(){
                        uni.navigateTo({

                          url:'../index/index'

                        })

                      },1000)
                    },
                })
            }
        }
    }
</script>
<style>
    .verify-left {
        width: calc(100% - 260upx);
    }
    .verify-right {
        padding-left: 20upx;
    }
    .verify-btn {
        height: 80upx;
        line-height: 80upx;
        font-size: 28upx;
        width: 240upx;
        border-radius: 8upx;
        background: linear-gradient(left, #FF978D, #FFBB69);
    }
    .verify-left,
    .verify-right {
        float: left;
    }
    .landing {
        height: 84upx;
        line-height: 84upx;
        border-radius: 44upx;
        font-size: 32upx;
        background: linear-gradient(left, #FF978D, #FFBB69);
    }
    .forget-btn {
        padding: 10upx 20upx;
        margin-top: 580upx;
    }
    .forget-input input {
        background: #F2F5F6;
        font-size: 28upx;
        padding: 10upx 25upx;
        height: 62upx;
        line-height: 62upx;
        border-radius: 8upx;
    }
    .forget-margin-b {
        margin-bottom: 25upx;
    }
```

```
    .forget-input {
        padding: 10upx 20upx;
        overflow: auto;
    }
    .forget-card {
        background: #fff;
        border-radius: 12upx;
        padding: 60upx 25upx;
        box-shadow: 0 6upx 18upx rgba(0, 0, 0, 0.12);
        position: relative;
        margin-top: 120upx;
    }
    .forget-bg {
        height: 260upx;
        padding: 25upx;
        background: linear-gradient(#FF978D, #FFBB69);
    }
</style>
```

第六步：测试运行，效果如图 4-18 所示。

图 4-18　预览效果

当执行数据添加后，打开云端控制台刷新数据表，检查数据是否追加入库，如图 4-19 所示。

图 4-19　查看运行结果

4.2.4 实现云端数据查询操作

第一步：编辑 index.vue 页面，效果如下 4-20 所示。

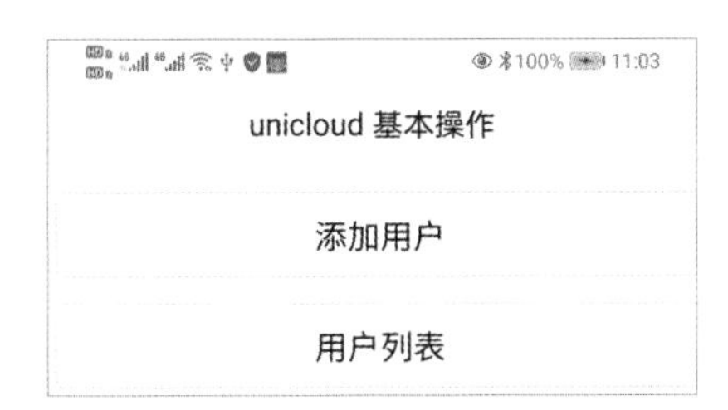

图 4-20 编辑 index.vue 页面

对应代码如下所示：

```
<template>
    <view>
        <view class="item">
         <button type="default" @click="goto('add')" >添加用户</button>
    <button type="default" @click="goto('list')" >用户列表</button>
        </view>
    </view>
</template>
<script>
    export default {
        data() {
            return {
                title: 'Hello'
            }
        },
        onLoad() {
        },
        methods: {
            goto(e) {
                uni.navigateTo({
                    url: "../" + e + "/" + e
                })
            }
        }
    }
</script>
<style>
    page{
        margin: 10rpx;
    }
    button{
        margin-top: 30rpx;
    }
    .title {
        font-size: 36rpx;
        color: #8f8f94;
    }
</style>
```

第二步：新建一个 list.vue 页面，如图 4-21 所示。

图 4-21　新建 list.vue 页面

第三步：创建云函数，如图 4-22 所示。

index.js 代码如下所示：

```
'use strict';
const db= uniCloud.database()
const userDb= db.collection('user')
exports.main = async (event, context) => {
    let res= await userDb.where({}).get();
    return res;
};
```

图 4-22　创建 getUser 云函数

第四步：上传函数，如图 4-23 所示。

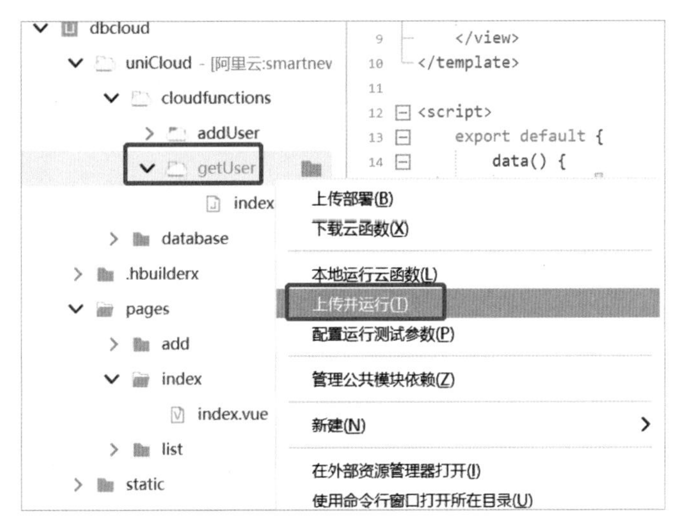

图 4-23 上传云函数

第五步：编辑 list.vue 页面。

```
<template>
  <view>
    <view class="title">通讯录</view>
    <view  class="list_user" v-for="(item ,i) in list">
      <view>序号: {{i+1}}</view>
      <view>用户名: {{item.username}}</view>
    </view>
  </view>
</template>

<script>
  export default {
    data() {
      return {
        list: [] //定义一个空数组, 存入云端返回数据
      }
    },
    onLoad() {
      this.getData();
    },
    methods: {
      getData:function() {
        console.log( '数据加载...' );
        uniCloud.callFunction({
          name:  'getUser' ,
          success: (e) => {
            console.log(JSON.stringify(e));
            this.list = e.result.data;
          }
        })
      }

    }
  }
</script>
```

```
<style>
  page {
    margin: 30rpx;
  }
  .title {
    text-align: center;
    font-size: 50rpx;
  }
  .list_user {
    border-bottom: 1rpx #999999 solid;
    margin-bottom: 20rpx;
    padding: 10rpx;
  }
</style>
```

预览效果如图 4-24 所示。

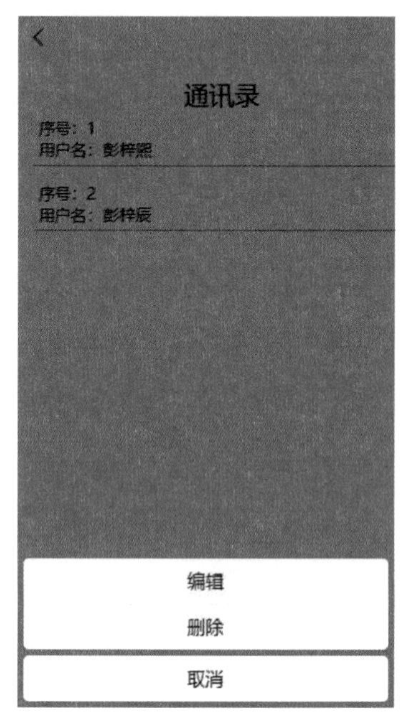

图 4-24　预览效果

4.2.5　实现云端数据删除操作

第一步：编辑 list.vue 页面，对应代码如下所示。

```
<template>
  <view>
    <view class="title">通讯录</view>
     <view @longpress="opt(item._id)" class="list_user" v-for="(item ,i)
in list">
      <view>序号：{{i+1}}</view>
      <view>用户名：{{item.username}}</view>
    </view>
  </view>
</template>
```

```
<script>
  export default {
    data() {
      return {
        list: [] //定义一个空数组，存入云端返回数据
      }
    },
    onLoad() {
      this.getData();
    },
    methods: {
      getData:function() {
        console.log('数据加载...');
        uniCloud.callFunction({
          name: 'allUser',
          success: (e) => {
            console.log(JSON.stringify(e));
            this.list = e.result.data;
          }
        })
      },
      opt(_id) {
        uni.showActionSheet({
          itemList: ['编辑', '删除'],
          success: function(res) {
            if (res.tapIndex == 0) {
              console.log('编辑');
            } else if (res.tapIndex == 1) {
              console.log('删除');
              uniCloud.callFunction({
                name: 'removeUser',
                data: {
                  "userid": _id
                },
                success: (e) => {
                  console.log(JSON.stringify(e));
                  if (e.result.affectedDocs > 0) {
                    uni.showToast({
                      title: '删除成功'
                    });
                    setTimeout(function() {
                      getData();
                    }, 1000);
                  }
                  this.getData();
                }
              })
            } else {
              console.log('取消');
            }
          },
          fail: function(res) {
            console.log(res.errMsg);
          }
        });
      }
    }
  }
```

```
</script>

<style>
  page {
    margin: 30rpx;
  }
  .title {
    text-align: center;
    font-size: 50rpx;
  }
  .list_user {
    border-bottom: 1rpx #999999 solid;
    margin-bottom: 20rpx;
    padding: 10rpx;
  }
</style>
```

第二步：创建云函数，如图 4-25 所示。

新建云函数

removeUser

:hing/3__2020-2021学年第一学期/移动应用开发/unicloud/dbcloud/uniCloud-aliyun/cloudfunctions 浏览

创建(N)

图 4-25　创建云函数

index.js 代码如下所示

```
'use strict';
const db= uniCloud.database()
const userDb= db.collection('user')
exports.main = async (event, context) => {
   let res= await userDb.doc(event.id).remove();
   return res;
};
```

第三步：上传函数，如图 4-26 所示。

图 4-26　上传 removeUser 云函数

预览效果如图 4-27 所示。

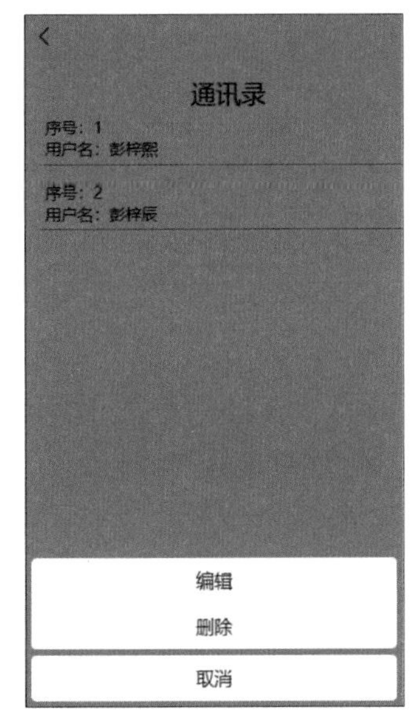

图 4-27　预览效果

4.2.6　实现云端数据编辑操作

第一步：编辑 list.vue 页面，对应代码如下所示。

```
<template>
  <view>
    <view class="title">通讯录</view>
    <view @longpress="opt(item._id)" class="list_user" v-for="(item ,i) in list">
      <view>序号：{{i+1}}</view>
      <view>用户名：{{item.username}}</view>
    </view>
  </view>
</template>

<script>
  export default {
    data() {
      return {
        list: [] //定义一个空数组，存入云端返回数据
      }
    },
    onLoad() {
      this.getData();
    },
    methods: {
      getData:function() {
        console.log('数据加载...');
        uniCloud.callFunction({
          name: 'allUser',
          success: (e) => {
            console.log(JSON.stringify(e));
            this.list = e.result.data;
```

```
          }
        })
      },
      opt(_id) {
        uni.showActionSheet({
          itemList: ['编辑', '删除'],
          success: function(res) {
            if (res.tapIndex == 0) {
              console.log('编辑');
              uni.navigateTo({
                url:'../edit/edit?userid='+_id
              })
            } else if (res.tapIndex == 1) {
              console.log('删除');
              uniCloud.callFunction({
                name: 'removeUser',
                data: {
                  "userid": _id
                },
                success: (e) => {
                  console.log(JSON.stringify(e));
                  if (e.result.affectedDocs > 0) {
                    uni.showToast({
                      title: '删除成功'
                    });
                    setTimeout(function() {
                      getData();
                    }, 1000);
                  }
                  this.getData();
                }
              })
            } else {
              console.log('取消');
            }
          },
          fail: function(res) {
            console.log(res.errMsg);
          }
        });
      }
    }
  }
</script>

<style>
  page {
    margin: 30rpx;
  }
  .title {
    text-align: center;
    font-size: 50rpx;
  }
  .list_user {
    border-bottom: 1rpx #999999 solid;
    margin-bottom: 20rpx;
    padding: 10rpx;
  }
```

第二步：新建编辑呈现页面 edit.vue，如图 4-28 所示。

代码如下所示：

```
<template>
    <view>
        <view class="form">
            <view class="content ">
                <view class="forget-bg">
                    <view class="forget-card">
                        <view class="forget-input forget-margin-b">
                                  <input type="text" placeholder="用户名"
v-model="username" />
                        </view>
                        <view class="forget-input  forget-margin-b">
                                   <input  type="text"  placeholder="密码"
v-model="password" />
                        </view>
                        <view class="forget-input forget-margin-b">
                                   <input  type="text"  placeholder="昵称"
v-model="nickname" />
                            </view>
                        <view class="forget-input forget-margin-b">
                                <input type="number" placeholder="手机号"
v-model="mobile" />
                        </view>
                        <view class="forget-input forget-margin-b">
                                  <input type="text" placeholder="Email"
v-model="email" />
                        </view>
                    </view>
                </view>
                <view class="forget-btn">
                    <button class="landing" type="primary" > 编辑保存 </button>
                </view>
            </view>
        </view>
    </view>
</template>

<script>
    export default {
        data() {
            return {

                    id: "",
                    username: "",
                    password: "",
                    nickname:"",
                    mobile:"",
                    email:""
            }
        },
        onLoad(option) {
            console.log('编辑ID: ' + option.id);
        },
        methods: {
        }
    }
```

```
</script>

<style>
    .verify-left {
        width: calc(100% - 260upx);
    }

    .verify-right {
        padding-left: 20upx;
    }

    .verify-btn {
        height: 80upx;
        line-height: 80upx;
        font-size: 28upx;
        width: 240upx;
        border-radius: 8upx;
        background: linear-gradient(left, #FF978D, #FFBB69);
    }

    .verify-left,
    .verify-right {
        float: left;
    }

    .landing {
        height: 84upx;
        line-height: 84upx;
        border-radius: 44upx;
        font-size: 32upx;
        background: linear-gradient(left, #FF978D, #FFBB69);
    }

    .forget-btn {
        padding: 10upx 20upx;
        margin-top: 580upx;
    }

    .forget-input input {
        background: #F2F5F6;
        font-size: 28upx;
        padding: 10upx 25upx;
        height: 62upx;
        line-height: 62upx;
        border-radius: 8upx;
    }

    .forget-margin-b {
        margin-bottom: 25upx;
    }

    .forget-input {
        padding: 10upx 20upx;
        overflow: auto;
    }

    .forget-card {
        background: #fff;
```

```
        border-radius: 12upx;
        padding: 60upx 25upx;
        box-shadow: 0 6upx 18upx rgba(0, 0, 0, 0.12);
        position: relative;
        margin-top: 120upx;
    }

    .forget-bg {
        height: 260upx;
        padding: 25upx;
        background: linear-gradient(#FF978D, #FFBB69);
    }
</style>
```

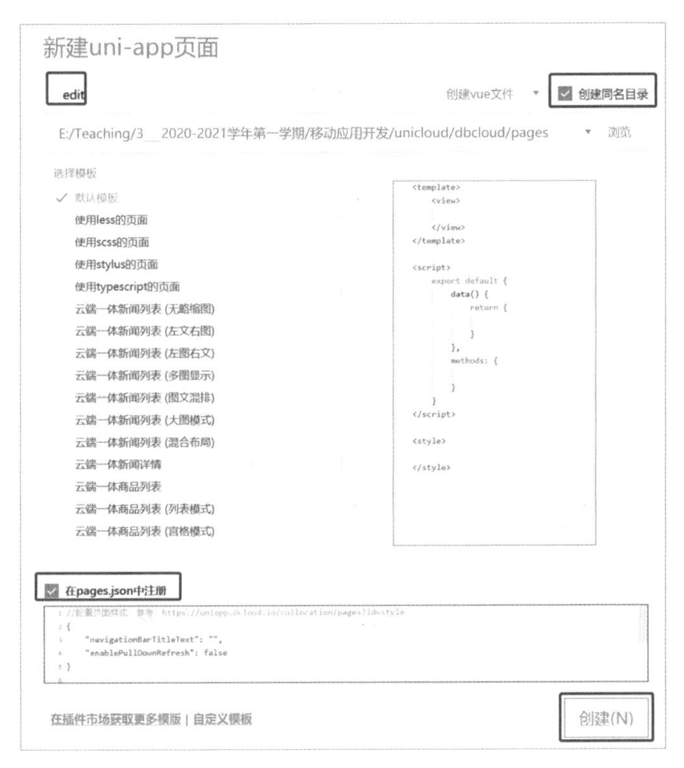

图 4-28　新建 edit.vue 页面

第三步：创建云函数，如图 4-29 所示。

图 4-29　新建 getUserById 云函数

index.js 代码如下所示

```
'use strict';
const db= uniCloud.database()
const userDb= db.collection('user')
exports.main = async (event, context) => {
    let res= await userDb.where({
        _id:event.id
    }).get();
    return res;
};
```

第四步：上传函数，如图 4-30 所示。

第五步：编辑 edit.vue 页面，新增加一个默认加载页面时的方法，获取当前要编辑的记录，并显示在相应的控件上。

图 4-30　上传并运行云函数

```
onLoad(option) {
    console.log('编辑ID: ' + option.id);
    this.getDataById(option.id);
},
methods: {
    getDataById(_id) {
        uniCloud.callFunction({
            name: "getUserById",
            data: {
                "id": _id
            },
            success: (e) => {
                console.log(e.result);
                this.username = e.result.data[0].username;
                this.password = e.result.data[0].password;
```

```
                    this.email=e.result.data[0].email;
                    this.mobile=e.result.data[0].mobile;
                    this.nickname=e.result.data[0].nickname;
                    this.id = e.result.data[0]._id;
                }
            })
        }

}
```

预览效果如图 4-31 所示。

第六步：编辑保存事件。首页创建云函数 editUser，如图 4-32 和图 4-33 所示。

index.js 代码如下：

```
'use strict';
const db= uniCloud.database()
const userDb= db.collection('user')
exports.main = async (event, context) => {
    let res= await userDb.doc(event.id).update({
        usernname:event.username,
        password:event.password,
        email:event.email,
        mobile:event.mobile,
        nickname:event.nickname
    });
    return res;
};
```

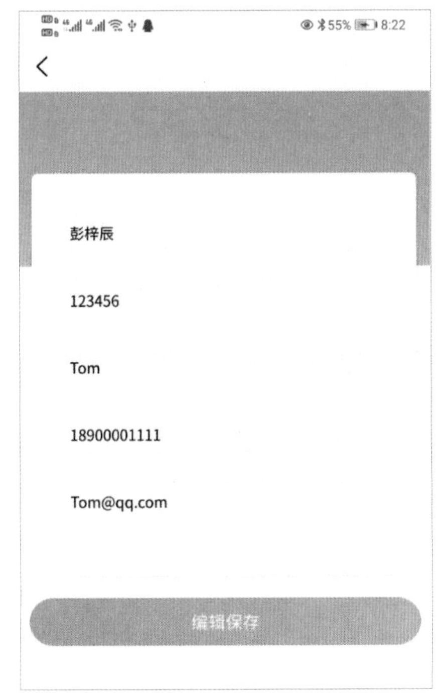

图 4-31　预览编辑效果

图 4-32　新建云函数

新建云函数

editUser

:hing/3__2020-2021学年第一学期/移动应用开发/unicloud/dbcloud/uniCloud-aliyun/cloudfunctions 浏览

创建(N)

图 4-33　新建 editUser 云函数

第七步：实现编辑保存事件。编辑 edit.vue 页面。

```
<template>
    <view>
        <view class="form">
            <view class="content ">
                <view class="forget-bg">
                    <view class="forget-card">
                        <view class="forget-input forget-margin-b">
                                   <input type="text" placeholder="用户名"
v-model="username" />
                        </view>
                        <view class="forget-input  forget-margin-b">
                                    <input type="text" placeholder="密码"
v-model="password" />
                        </view>
                        <view class="forget-input forget-margin-b">
                                    <input type="text" placeholder="昵称"
v-model="nickname" />
                        </view>
                        <view class="forget-input forget-margin-b">
                                 <input type="number" placeholder="手机号"
v-model="mobile" />
                        </view>
                        <view class="forget-input forget-margin-b">
                                   <input type="text" placeholder="Email"
v-model="email" />
                        </view>
                    </view>
                </view>
                <view class="forget-btn">
                <button class="landing" type="primary" @click="editUser">
编辑保存 </button>
                </view>
            </view>
        </view>
    </view>
</template>

<script>
    export default {
        data() {
            return {
```

```
            id: "",
            username: "",
            password: "",
            nickname: "",
            mobile: "",
            email: ""
        }

    },
    onLoad(option) {
        console.log('编辑ID: ' + option.id);
        this.getDataById(option.id);
    },
    methods: {
        getDataById(_id) {
            uniCloud.callFunction({
                name: "getUserById",
                    data: {
                    "id": _id
                },
                success: (e) => {
                    console.log(e.result);
                    this.username = e.result.data[0].username;
                    this.password = e.result.data[0].password;
                    this.email = e.result.data[0].email;
                    this.mobile = e.result.data[0].mobile;
                    this.nickname = e.result.data[0].nickname;
                    this.id = e.result.data[0]._id;
                }
            })
        },
     editUser() {
            console.log("------------执行编辑操作-----------");
            uniCloud.callFunction({
                name: "editUser",
                data: {
                    "id": this.id,
                    "username": this.username,
                    "password": this.password,
                    "email":this.email,
                    "mobile":this.mobile,
                    "nickname":this.nickname
                },
                success: (e) => {
                    uni.showToast({
                        title: '编辑成功',
                        duration: 2000
                    });
                    uni.navigateTo({
                        url: "../list/list"
                    })
                }
            })
        }
```

```
        }
    }
</script>
<style>
    .verify-left {
        width: calc(100% - 260upx);
    }
    .verify-right {
        padding-left: 20upx;
    }
    .verify-btn {
        height: 80upx;
        line-height: 80upx;
        font-size: 28upx;
        width: 240upx;
        border-radius: 8upx;
        background: linear-gradient(left, #FF978D, #FFBB69);
    }
    .verify-left,
    .verify-right {
        float: left;
    }

    .landing {
        height: 84upx;
        line-height: 84upx;
        border-radius: 44upx;
        font-size: 32upx;
        background: linear-gradient(left, #FF978D, #FFBB69);
    }

    .forget-btn {
        padding: 10upx 20upx;
        margin-top: 580upx;
    }

    .forget-input input {
        background: #F2F5F6;
        font-size: 28upx;
        padding: 10upx 25upx;
        height: 62upx;
        line-height: 62upx;
        border-radius: 8upx;
    }

    .forget-margin-b {
        margin-bottom: 25upx;
    }

    .forget-input {
        padding: 10upx 20upx;
        overflow: auto;
    }

    .forget-card {
```

```
        background: #fff;
        border-radius: 12upx;
        padding: 60upx 25upx;
        box-shadow: 0 6upx 18upx rgba(0, 0, 0, 0.12);
        position: relative;
        margin-top: 120upx;
    }

    .forget-bg {
        height: 260upx;
        padding: 25upx;
        background: linear-gradient(#FF978D, #FFBB69);
    }
</style>
```

预览效果如图 4-43 所示。

图 4-34　预览效果

习　　题

编程题

制作一个在线备忘录，参考界面如图 4-35 所示，要求如下：

（1）数据存储在 uniCloud 云端。

（2）实现数据的存储。

（3）实现备忘录搜索。

（4）实现备忘录删除。

（5）实现备忘录编辑修改。

图 4-35　预览效果